Leandro Maria De Rosa

Wirtschaftliche Analyse des Einsatzes von E-Autos bei Gewerbebetrieben

Leandro Maria De Rosa

Wirtschaftliche Analyse des Einsatzes von E-Autos bei Gewerbebetrieben

Ist der Erwerb eines E-Autos bei Gewerbebetrieben rentabler als der Erwerb eines verbrennungsmotorischen Wagens?

Lehrbuchverlag

Imprint
Any brand names and product names mentioned in this book are subject to trademark, brand or patent protection and are trademarks or registered trademarks of their respective holders. The use of brand names, product names, common names, trade names, product descriptions etc. even without a particular marking in this work is in no way to be construed to mean that such names may be regarded as unrestricted in respect of trademark and brand protection legislation and could thus be used by anyone.

Cover image: www.ingimage.com

Publisher:
Der Lehrbuchverlag
is a trademark of
International Book Market Service Ltd., member of OmniScriptum Publishing Group
17 Meldrum Street, Beau Bassin 71504, Mauritius

Printed at: see last page
ISBN: 978-620-2-49067-2

Kurzzusammenfassung

Infolge der Klimaerwärmung und der daraus folgenden Politik zur Restriktion der Treibhausgasemissionen wird die Elektromobilität als wichtiger Hebel zur Erreichung der Klimaziele gesehen. Der Einstieg in den gewerblichen PKW-Markt ist äußerst wichtig, da solche Fahrzeuge einen überproportional hohen Anteil an Emissionen verursachen. Das Ziel dieser Analyse ist zu untersuchen, ob der Erwerb eines batterieelektrischen Wagens unter den gegenwärtigen Rahmenbedingungen als rentabler als einer verbrennungsmotorischen Variante beurteilt werden kann. Nach einer Betrachtung der technischen, wirtschaftlichen und rechtlichen Grundlagen wird die Methode der Vollständigen Finanzpläne (VOFI) für die Wirtschaftlichkeitsrechnung verwendet: als Betrachtungsobjekte werden der VW e-Golf und der Golf 1.5 TSI ACT Comfortline ausgewählt. Die Ergebnisse zeigen, dass die verbrennungsmotorische Variante noch einen kleinen wirtschaftlichen Vorteil aufweist. Durch eine gezielte Änderung der Eingangsparameter der Investitionsrechnung kann aber das E-Auto als rentabler gesehen werden. Für die Akzeptanz der Elektromobilität in der Zukunft sind aber technische Weiterentwicklungen für eine saubere Produktion und Nutzung sowie zur Verbesserung der Leistung notwendig.

Abstract

As a result of global warming and the consequent policy for a restriction of greenhouse gas emissions, electromobility is seen as an important lever for the achievement of climate goals. Entering in the commercial car market is extremely important, because such vehicles cause even higher emissions than the average. The goal of this analysis is to determine, whether the purchase of a BEV could be more profitable than a ICE-car under the present conditions. After considering technical, economical and legal fundaments, the method of Visualisation of Financial Implication (VOFI) will be used for this calculation: the VW e-Golf und the Golf 1.5 TSI ACT Comfortline will be chosen. The results show that the ICE-car is a little more profitable. With a little change of the calculation parameters, we can see that the BEV could be more cost-efficient as well. In order to accept electric mobility in the future, further developements are necessary: a clean production and usage as well as performance improvements will be important issues.

Inhaltsverzeichnis

Abkürzungsverzeichnis

AC	alternating current
ADAC	Allgemeine Deutsche Automobil-Club e.V.
AfA	Absetzung für Abnutzung
Akku	Akkumulator
BAFA	Bundesamt für Wirtschaft und Ausfuhrkontrolle
BEV	battery electric vehicle
BFZ	Bundesfinanzhof
ca.	circa
CCS	Combined Charging System
DC	direct current
E-Antrieb	Elektroantrieb
E-Auto	Elektroauto
E-Fahrzeug	Elektrofahrzeug
E-Maschine	Elektrische Maschine
E-Motor	Elektromotor
EStG	Einkommensteuergesetz
FCEV	fuel cell electric vehicle
GewStG	Gewerbesteuergesetz
HEV	hybrid electric vehicle
i.d.H.	in der Höhe
i.d.R.	in der Regel
i.H.v.	In Höhe von
ICE	internal combustion engine

KBA	Kraftbundesamt
KStG	Körperschaftsteuergesetz
KW	Kilowatt
KWh	Kilowattstunde
Kfz	Kraftfahrzeug
KraftStG	Kraftfahrzeugsteuergesetz
Mio.	Million
NEFZ	Neuer Europäischer Fahrzyklus
p.a.	per annum (pro Jahr)
PCU	power control unit
PHEV	plug-in hybrid electric vehicle
PKW, Pkw	Personenkraftwagen
REEV	range extender electric vehicle
SUV	sport utility vehicle
VOFI	Vollständiger Finanzplan
VW	Volkswagen

Abbildungsverzeichnis

Tabellenverzeichnis

1 Einleitung

In den letzten Jahren wurden verschiedene nationale, transnationale und globale Entscheidungen bezüglich der Zukunft der Elektromobilität getroffen, da sie als ein wichtiger Hebel zur Erreichung der Klimaziele gesehen wird.

Im Jahr 2009 hat die Bundesregierung im Nationalen Entwicklungsplan Elektromobilität das Ziel gesetzt, eine Million E-Fahrzeuge bis 2020 auf die deutschen Straßen zu bringen[1]; im Oktober 2014 hat der Europäische Rat festgelegt, die Treibhausgasemissionen um mindestens 40% zu reduzieren[2]: um diese Ziele zu erreichen bietet die Bundesregierung beim Kauf eines E-Autos verschiedene monetäre Anreize an. Trotzdem gestaltet sich der Markthochlauf der Elektrofahrzeuge weniger dynamisch als erwartet, da nur rund 131.000 Elektrofahrzeuge bis Ende 2017 zugelassen wurden: nach den aktuellen Prognosen wird das 1-Million-Ziel erst im Jahr 2022 erreicht.[3]

Der Einsatz von Elektroautos im gewerblichen Fuhrpark bietet mehrere Vorteile gegenüber Privatkunden an[4]. Die Frage ist, ob diese Maßnahmen für einen Durchbruch ausreichend sind. Der Einstieg in den gewerblichen Markt ist also äußerst wichtig, weil solche Fahrzeuge einen hohen Anteil an den Neuzulassungen darstellen und eine überproportional hohe Quote an Emissionen im Straßenverkehr verursachen[5].

Das Ziel dieser Arbeit ist zu analysieren, inwiefern die Neuzulassung eines E-Fahrzeugs gegenüber der verbrennungsmotorischen Variante im Gewerbebetrieb wirtschaftlich sein kann. Um diese Problemstellung zu beantworten, ist zuerst ein Exkurs der technischen Unterschiede zwischen E-Fahrzeug und verbrennungsmotorischen Auto und deren ökonomischen Auswirkungen vorzunehmen. Nach einer Erläuterung verschiedener Ansätzen der Investitionsrechnung wird eine geeignete Methode ausgewählt. Danach müssen bestimmte Annahmen bezüglich der zu verwendenden Größen getroffen werden, damit ein Standard-Szenario entwickelt werden kann.

---

[1] Vgl. Die Bundesregierung (2009), S. 18
[2] Vgl. European Council (2014), S. 1
[3] Vgl. NPE (2018), S. 4 ff.
[4] Vgl. Minnich et al. (2016), S. 12
[5] Vgl. Gnann et al. (2012), S. 1

Nach der Erfassung der Ergebnisse wird noch eine Sensitivitätsanalyse durchgeführt, da die Entwicklung verschiedener relevanter Parameter sich anders als erwartet in den nächsten Jahren gestalten kann.

2 Grundlagen

Abbildung 1: Lohner-Porsche (links) und Volkswagen e-Golf (rechts) (in Anlehnung an: Karle (2015), S. 17 und Volkswagen AG[6])

Nach der Erfindung des Autos am Ende des 19. Jahrhunderts waren schon elektrische und verbrennungsmotorische Fahrzeuge im Wettbewerb.[7] Hier setzte sich der Ottomotor durch, weil die Elektrofahrzeuge Probleme mit der Mobilitätspraxis aufwiesen: die Reichweite dieser Autos war an der Kapazität des Akkus begrenzt.[8] Nur durch die Erfindung des Lithium-Ionen-Akkus am Ende des 20. Jahrhunderts konnte man die Entwicklung von alltagstauglichen Elektrofahrzeugen wieder in Bewegung setzen.[9]

Nach einem Vergleich der Technologien, werden Elektrofahrzeuge hinsichtlich der rechtlichen Rahmenbedingungen beim Erwerb, gewerblicher Nutzung und Vermarktung in Deutschland untersucht.

---

[6] Link zum Bild: https://www.volkswagen.de/de/models/e-golf.html (Abruf am 21.11.2018)
[7] Vgl. Wallentowitz/Freialdenhoven (2011), S. 1
[8] Vgl. Karle (2017), S. 19. Im Jahr 1900 wurde die" Lohner-Porsche" auf der Weltausstellung präsentiert. Das Fahrzeug war 50 km/h schnell und hatte mit einem Bleiakku (400 kg schwer) eine Reichweite von 50 km.
[9] Vgl. Karle (2017), S. 20

2.1 Vergleich der aktuellen BEV- und ICE- Technologie

Kürzel	Bezeichnung	Bemerkung	Antrieb		Energieerzeugung/ -quelle		
			ICE	E-Motor	ICE	Plug-in	Brennstoff-zelle
ICE	*Internal Combustion Engine*	Fahren nur mit Verbrennungsmotor	✔		✔		
HEV	*Hybrid Electric Vehicle*	Fahren nur mit Verbrennungsmotor und/oder E-Motor	✔	✓	✔		
PHEV	*Plug-in Hybrid Electric Vehicle*	Fahren nur mit Verbrennungsmotor und/oder E-Motor, die Batterie wird am Stromnetz geladen	✔ *	✔ *	✔	✔	
REEV	*Range Extended Electric Vehicle*	Fahren nur mit E-Motor, die Batterie durch Verbrennungsmotor und Stromnetz (oder Brennstoffzelle) geladen		✔	✔	✔	✔ Wird gerade entwickelt
BEV	*Battery Electric Vehicle*	Fahren nur mit E-Motor und Energie im Akku speichern		✔		✔	
FCEV	*Fuel Cell Electric Vehicle*	Fahren nur mit E-Motor und Energie im Wasserstoff speichern		✔		✓	✔

✔ : Primärantrieb; ✓ : Sekundärantrieb

*: beim PHEV kann der Verbrennungsmotor als auch der Elektromotor der Primärantrieb sein

Tabelle 1: Das aktuelle Portfolio der Antriebe für ein Auto (eigene Darstellung, in Anlehnung an: McKinsey (2014), S. 7)

In dieser Betrachtung werden das verbrennungsmotorische (ICE) und das batteriebetriebene (BEV) Auto relevant sein. Der Aufbau der Autos ist bis auf dem Antrieb ähnlich, deswegen wird die Funktion beider Antriebe beschrieben und gegenübergestellt.

2.1.1 Verbrennungsmotor

Bei einem herkömmlichen Verbrennungsmotor handelt es sich um eine Energieumwandlungsmaschine, in der die in Kraft- oder Brennstoff enthaltene chemische Energie in mechanische Energie umgewandelt wird. Diese Umwandlung kann aus thermodynamischen Gründen nicht vollständig sein, d.h. der Wirkungsgrad ist eingeschränkt und der verbleibende Anteil der Kraftstoffenergie wird in Wärmeenergie umgewandelt und an die Umgebung verloren.[10]

[10] Vgl. Schreiner (2017), S. 1; Kutz (2018), S. 650

Dieser Prozess erfolgt heute in der Regel in 4-Takt-Hubkolbenmotoren;[11] die herkömmlichen Ausführungsformen sind der Otto- und der Dieselmotor (die Erdgas-Motoren werden in dieser Analyse nicht betrachtet).[12] Für einen Zylinder werden in der folgenden Abbildung die vier Takte am Beispiel eines Ottomotors beschrieben.

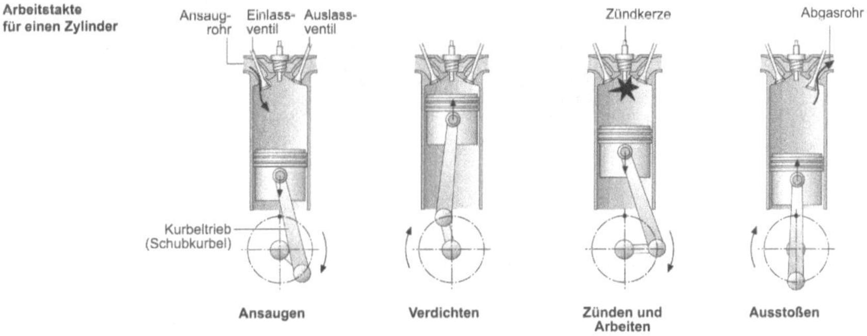

Abbildung 2: Ottomotor, vier Takte (in Anlehnung an: Karle (2017), S. 52)

Der relevanteste Unterschied zwischen Ottomotor (Benzinmotor) und Dieselmotor – außer des Brennstoffes – ist die Entzündung des Luft-Kraftstoff-Gemisches: das Gemisch wird im Dieselmotor ohne Zündkerze entzündet. Die höhere Verdichtung im Zylinder beim Dieselmotor ermöglicht die Selbstentzündung des Gemisches: er kann einen höheren Wirkungsgrad erreichen und deswegen Verbrauchsvorteile gegenüber dem Ottomotor erweisen.[13]

2.1.2 Antrieb E-Fahrzeug

Der Antriebsstrang in einem E-Auto besteht aus einem Elektromotor, einer Leistungselektronik, einem Energiespeicher und einem Ladegerät; im Gegensatz zum verbrennungsmotorischen Auto benötigt ein E-Auto weniger Baugruppen (Bild 2.3): Kupplung, mehrstufiges Getriebe oder Ölkreislauf müssen nicht einbaut werden.[14]

[11] Vgl. Schreiner (2017), S. 5
[12] Vgl. Karle (2017), S. 51
[13] Vgl. Karle (2017), S. 53 f.
[14] Vgl. Müller et al. (2017), S. 55

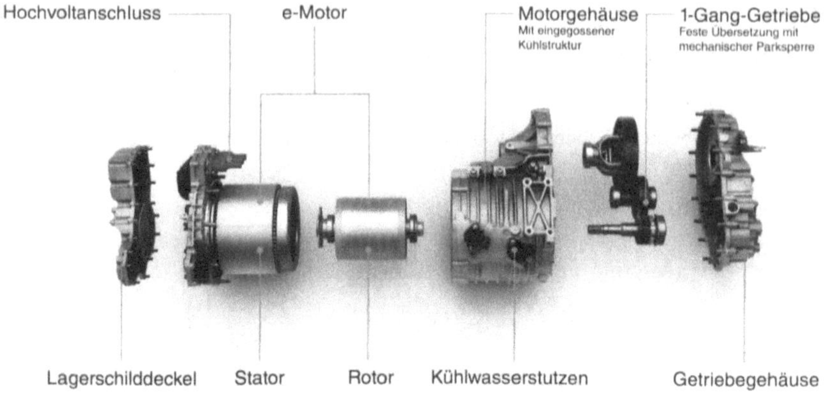

Abbildung 3: Aufbau eines E-Antriebs (in Anlehnung an: Müller et al. (2017), S. 55)

Der Elektromotor besteht aus einem feststehenden Ständer (Stator) und dem rotierenden Läufer (Rotor) und funktioniert auf Basis elektrisch generierter elektromagnetischer Felder; anhand der Lage des magnetischen Feldes können verschiedene Arten von Elektromotoren definiert werden:[15]

- Wenn das Feld in der gleichen Lage bleibt handelt es sich um Gleichstrommotoren.[16] Diese Motoren werden aber aufgrund verschiedener Nachteile (niedrigere Maximaldrehzahlen, großer Bauraum oder Nachteile beim Leistung/Gewichtsverhältnis) in den heutigen E-Fahrzeugen nicht eingesetzt.[17]
- Wenn das Feld sich dreht handelt es sich um Drehstrommotoren.[18] Hier ist eine weitere Unterteilung möglich, und zwar zwischen Asyncron- und Syncronmotoren.[19] Diese zwei Ausprägungsformen werden in den herkömmlichen E-Autos eingesetzt.[20]

Der Elektromotor bietet gegenüber dem Verbrennungsmotor mehrere Vorteile:

[15] Vgl. Leidhold (2015), S. 27; Stan (2012), S. 268
[16] Vgl. Stan (2012), S. 268
[17] Vgl. Schmidt (2014), S. 91; Müller et al. (2017), S. 56
[18] Vgl. Stan (2012), S. 268
[19] Für eine ausführliche Erklärung der Aufbau und Funktion von Syncron- und Asyncronmotoren vgl. Schoblick (2013), S. 216 ff.
[20] Vgl. Schmidt (2014), S. 91

- Der Elektromotor weist einen deutlich höheren Wirkungsgrad auf: der Otto- und Dieselmotor haben jeweils Wirkungsgrade von 30 bzw. 40%, in einem Elektromotor liegt er bei 90%.[21]
- Elektromotoren können das volle Drehmoment ab dem Stillstand abgeben: dieses bleibt bis zu einer bestimmten Drehzahl konstant. Deswegen sind keine Kupplung und kein mehrstufiges Getriebe erforderlich; der Rückwärtsgang wird durch die Umkehrung der Drehrichtung erzeugt.[22]

Die Auswahl des geeigneten Elektromotors (und auch des gesamten Antriebs) gestaltet sich nicht trivial und ist von verschiedenen Anforderungen abhängig: die E-Maschinen sollen ein gutes Leistungs-Gewichtsverhältnis besitzen und bei großen Temperaturschwankungen funktionieren.[23] Andere Kriterien wie das erwartete Fahrprofil, Kosten, Wartungsfähigkeit, Lebensdauer, Wirkungsgrad usw... sind bei der Motorauswahl zu berücksichtigen.[24]

Im Folgenden werden die Funktion und der Aufbau der PCU beschrieben.

Die Aufgabe der Leistungselektronik (Power-Control-Unit) ist die Bereitstellung von verschiedenen Spannungen zur Versorgung der elektrischen und elektronischen Komponenten in einem E-Auto: sie dient nicht nur zur Energieversorgung für die E-Motoren, sondern auch zur Bordversorgung wie Beleuchtung und elektrische Servoantriebe.[25]

Sie besteht aus verschiedenen Strom- und Spannungswandler mit zugehöriger Steuerelektronik, die elektrische Energie mit bestimmten Spannungen und Strömen in elektrische Energie mit anderen charakteristischen Größen konvertiert.[26] Halbleitermateriale wie Silizium oder Germanium werden für die Herstellung der Bauelemente der PCU verwendet; diese müssen hohe Anforderungen erfüllen, da sie extremen thermischen Wechsellasten ausgesetzt sind (von Minusgraden wenn das Auto nicht im Betrieb ist bis zu über 150 °C) und die Leistungselektronik den Wirkungsgrad des gesamten Antriebssystems

---

[21] Vgl. Mi et al. (2014), S. 39
[22] Vgl. Lindermann (2015), S. 22; Schmidt (2014), S. 91
[23] Vgl. Müller et al. (2017), S. 56
[24] Vgl. Hameyer et al. (2013), S. 269
[25] Vgl. Rummich (2014), S. 217
[26] Vgl. Schmidt (2014), S. 94 f.

stark beeinflusst.[27] Deswegen gilt sie bei vielen Innovationen als wichtige Schlüsseltechnologie.[28]

Für den Antrieb muss die dafür notwendige Energie im Fahrzeug gespeichert werden. Während diese Funktion bei einem Verbrenner von der Kraftstoff erfüllt ist, wird die Energie bei einem E-Auto in Akkumulatoren chemisch gespeichert. Die Akkus versorgen dann durch die Leistungselektronik das ganze Antriebssystem mit elektrischer Energie.[29]

Die Anforderungen sind in der Akkumulatortechnologie extrem hoch, da die Akkumulatoren sehr große elektrische Leistung über einen langen Zeitraum liefern sollen, ohne zu schwer und groß zu sein.[30] Außerdem sind anderen Faktoren wie Ladegeschwindigkeit, Betriebssicherheit, Lebensdauer und Kosten zu berücksichtigen.[31]

In den letzten Jahren werden i.d.R. Lithium-Ionen-Akkus in E-Autos eingesetzt, weil sie folgende wesentliche Vorteile bieten:[32]

- sehr hohe Leistungs- und Energiedichte
- kein Memoryeffekt, d.h. sie lassen sich aus jedem Ladezustand heraus nachladen
- geringe Selbstentladung
- geringer Wartungsbedarf
- hoher Wirkungsgrad
- großer Temperaturbereich (-40 °C bis +70 °C)

Eine Zelle besteht aus einer Kupferfolie mit einer Schicht i.d.R. aus Graphit auf der Anodenseite und aus einem Lithium-Metalloxid (Lithium-Eisen-Phosphat, Lithium-Kobaltoxid, Lithium-Manganoxid und Lithium-Nickeloxid sind verbreitet) auf der Kathodenseite. Der Separator trennt die Elektroden und lässt nur Lithium-Ionen durch. Sie wandern beim Entladen aus der Anode in die Kathode und umgekehrt beim Laden.[33]

---

[27] Vgl. Schoblick (2013), S. 89 f.
[28] Vgl. Hameyer et al. (2013), S. 277
[29] Vgl. Karle (2017), S. 76
[30] Vgl. Schoblick (2013), S. 275
[31] Vgl. Schoblick (2013), S. 72
[32] Vgl. Schmidt (2014), S. 99; Karle (2017), S. 79
[33] Vgl. Ecker (2015), S. 61; Müller et. al. (2017), S. 75; Karle (2017), S. 79

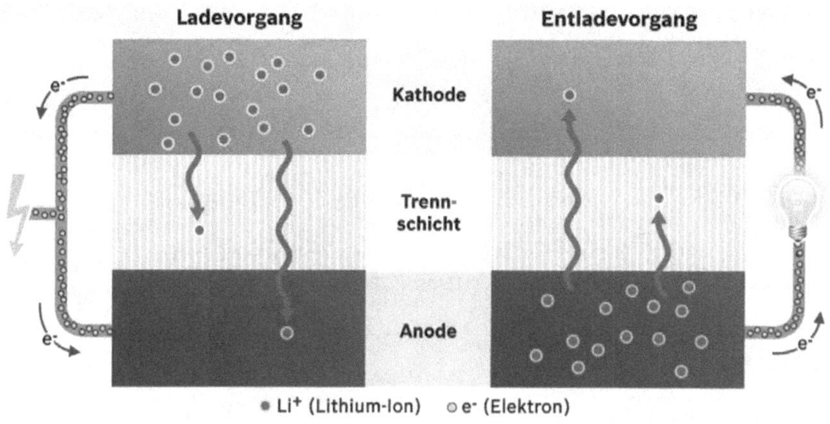

Abbildung 4: Schematischer Aufbau einer Lithium-Ionen-Zelle (in Anlehnung an: Müller et. al. (2017), S. 75)

Eine bestimmte Anzahl von Zellen, die als Zylinder, Pouch oder Prisma aufgebaut sein können, wird dann in Reihe und/oder parallel geschaltet, damit ein Batteriemodul entsteht; mehrere Batteriemodule bilden dann das Batteriesystem eines E-Autos.[34]

Im Gegensatz zu Batterien können Akkumulatoren wieder geladen werden: elektrische Energie wird in chemische Energie gewandelt und gespeichert.[35] Vier verschiedene kabelgebundene Lademodi werden in der internationalen Norm IEC 62196 (in Deutschland als DIN EN 62196 gültig) identifiziert (siehe Tabelle 2). Eine fünfte kabellose Variante ist vorhanden, und zwar das induktive Laden: diese neue Technologie befindet sich aber noch in einer Testphase.[36]

[34] Vgl. Schmidt (2014), S. 99 f.
[35] Vgl. Karle (2017), S. 91
[36] Vgl. Schumann (2017), S. 15

	AC-Laden Schuko/ CEE	AC-Laden Schuko/ CEE	AC-Laden Wallbox (home & public)	AC-Laden „intelligente Ladesäule“	DC-Schnellladung
Lademodus	1	2	3		4
Fahrzeugseitiger Anschluss	Typ 2	Typ 2	Typ 2	Typ 2	CCS-Typ 2
Leistung	Einphasig: max. 16 A (3,7 kW) Dreiphasig: max. 16 A (11 kW) / 32 A (22 kW)		Einphasig: max. 16 A (3,7 kW) Dreiphasig: max. 16 A (11 kW) / 32 A (22 kW)		DC low ≤ 38 kW DC high ≤ 170 kW
Ladezeit	Einige Stunden, abhängig von der Kapazität des HV-Speichers im Fahrzeug				≤ 30 min
Kommunikation	Keine	Control Pilot	Control Pilot	Power Line Kommunikation, Control Pilot (PWM), RFID, GSM, 3G/4G	Power Line Kommunikation

Tabelle 2: Lademodi (eigene Darstellung, in Anlehnung an: Schumann (2017), S. 15; Müller et al. (2017), S. 213)

In der Ladesäulenverordnung wurde der Stecker Typ 2 für das AC-Laden und der CCS-Typ-2 für das DC-Laden als Standard für die öffentlichen Ladesäulen festgelegt.[37] An dieser Stelle ist aber wichtig zu erwähnen, dass die meisten Elektroautos noch nicht für schnelles DC-Laden ausgerüstet sind und wenn sie die Möglichkeit zur CCS-Ladung anbieten, verlangen die Hersteller einen hohen Aufpreis.[38]

2.2 Rechtliche Rahmenbedingungen der Elektromobilität in Deutschland

Nach einer technischen Analyse der Unterschiede zwischen batterieelektrischen und verbrennungsmotorischen Fahrzeugen kann das Thema der rechtlichen Rahmenbedingungen der Elektromobilität mit Schwerpunkt der Firmenwagenbesteuerung angegangen werden. Eine reine gewerbliche Nutzung wird hier unterstellt; eine steuerliche Betrachtung bei der Privatnutzung eines gewerblichen Fahrzeugs wird nicht berücksichtigt.

[37] Vgl. Bundesministerium für Wirtschaft und Energie (2015), S. 4 f.. Gemäß § 3 Abs. 1-3 LSV muss jeder Ladepunkt beim Aufbau von Normal- und Schnellladepunkten mit Wechsel- bzw. Gleichstrom mit Kupplungen des Typs 2 bzw. Typs Combo 2 (CCS-Stecker) ausgerüstet werden.

[38] Vgl. Schumann (2017), S. 17

Unabhängig davon, ob ein E-Auto gewerblich oder privat zugelassen wird, ist ein Umweltbonus beim Erwerb (Kauf oder Leasing) in Höhe von 4.000€ (bei Hybridfahrzeugen von 3.000 €) vorgesehen: die Hälfte der Förderung (2.000€ bzw. 1.500€) muss vom Automobilhersteller gewährleistet werden, nur so wird die Bundesregierung die andere Hälfte fördern.[39] Nicht alle Elektrofahrzeuge sind förderfähig: eine Liste der förderfähigen Elektrofahrzeugen wird vom BAFA (Bundesamt für Wirtschaft und Ausfuhrkontrolle) regelmäßig aktualisiert.[40]

Eine wichtige steuerliche Maßnahme ist die Kfz-Steuerbefreiung gemäß §3d Abs. 1 KraftStG: diese Befreiung gilt für erstmalig zugelassene (in der Zeit vom 18. Mai 2011 bis 31. Dezember 2020) und für umgerüstete (in der Zeit vom 18. Mai 2016 bis 31. Dezember 2020) reine Elektrofahrzeuge und beträgt 10 Jahre. Danach ermäßigt sich die Kfz-Steuer um 50% (§9 Abs. 2 KraftStG).[41]

Da die Analyse bei Gewerbebetrieben erfolgt, wird die Vorsteuer von den Kostenarten abgezogen, die als vorsteuerabzugsfähig gelten; eine weitere umsatzsteuerrechtliche Behandlung wird hier nicht weiter betrieben. Die Anschaffung eines gewerblichen Fahrzeugs wird noch ertragssteuerrechtlich berücksichtigt: die Art und Bemessungsgrundlage der Steuern hängt aber vom Typ der Rechtform des Unternehmens ab. Erst im Abschnitt 4.2 wird die Rechtsform ausgewählt und dementsprechend auch die Besteuerung genau berechnet.

2.3 Wirtschaftliche Rahmenbedingungen der Elektromobilität in Deutschland

Nach der (steuer-)rechtlichen Analyse kann die aktuelle sowie zukünftige Situation des deutschen PKW-Markts näher betrachtet werden, da die Entwicklung insbesondere hinsichtlich der Neuzulassungen von Elektrofahrzeugen in den letzten Jahren dynamischer geworden ist. Danach werden das aktuelle Angebot an elektrischen Fahrzeugen sowie die Ladeinfrastruktur dargestellt.

---

[39] Vgl. BAFA (2018), S. 2 f.. Auf Seite 3 wird ein Grundschema des Kauf- bzw. Leasingvertrages dargestellt.
[40] Vgl. vertiefend Boesche et al. (2017), S. 53. Die Liste der förderfähigen Elektrofahrzeuge kann unter den Link http://www.bafa.de/SharedDocs/Downloads/DE/Energie/emob_liste_foerderfaehige_fahrzeuge.pdf?__blob=publicationFile&v=4 (Abruf am 13.10.2018) gefunden werden. Grundsätzlich muss der Netto-Basislistenpreis des neuen E-Fahrzeugs unter 60.000 Euro liegen (brutto 71.400 Euro).
[41] Vgl. Wünnemann (2016), S. 2438 f.

2.3.1 Gewerblicher Automobilmarkt mit Schwerpunkt Elektromobilität

Das Kraftfahrtbundesamt (KBA) erstellt monatlich einen kurzen Ausblick über die Neuzulassungen von Kraftfahrzeugen in Deutschland; jährlich werden dann ausführliche Bilanzen über die Entwicklung des Bestandes und der Neuzulassungen publiziert. Eine zielgerichtete Verwendung von solchen Unterlagen kann helfen, sinnvolle und prägnante Aussagen über den deutschen Automobilmarkt zu treffen.

Die Abbildung 5 stellt die Verteilung nach Kraftstoffarten der gewerblichen Neuzulassungen im Jahr 2017 sowie des gewerblichen Bestands am 1. Januar 2018 dar:

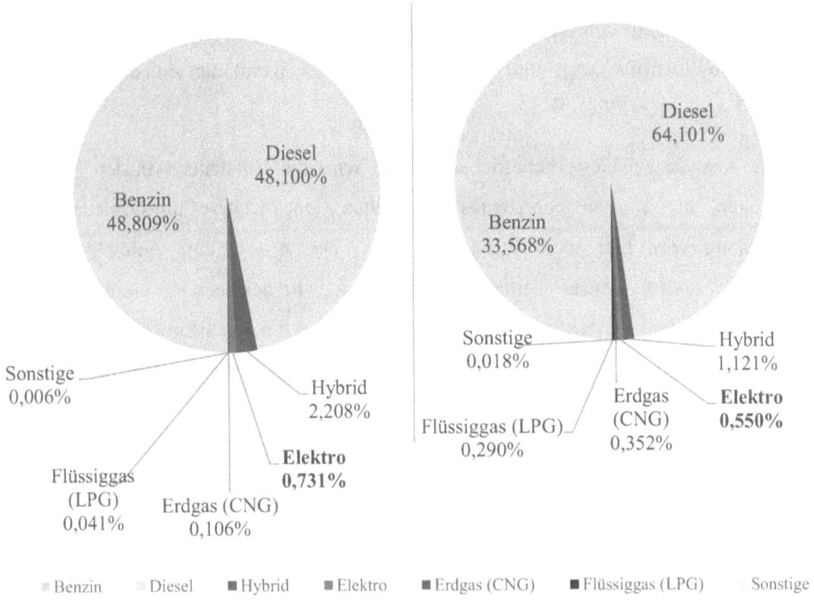

Abbildung 5: gewerbliche Neuzulassungen von Personenkraftwagen 2017 nach Kraftstoffarten (links, eigene Darstellung, in Anlehnung an: KBA (2018a), S. 14) und gewerblicher Bestand an Personenkraftwagen am 1. Januar 2018 nach Kraftstoffarten (rechts, eigene Darstellung, in Anlehnung an: KBA (2018b), S. 14)

Aus der Abbildung 5 kann man schlussfolgern, dass der Anteil von rein elektrischen Fahrzeugen noch nicht so groß ist; sie ist aber in den letzten Jahren deutlich gestiegen.

Eine Analyse der gewerblichen Zulassungs- und Bestandszahlen aus den letzten Jahren kann die oben genannte Aussage über die Entwicklung des elektrischen Automobilmarkts beweisen: die Abbildungen 6 und 7 zeigen den zeitlichen Verlauf der Neuzulassungen und des Bestands an gewerblichen Elektrofahrzeugen; für die Erstellung dieser Diagrammen wurden die Jahresbilanzen des Kraftbundesamts in den letzten Jahren näher betrachtet.

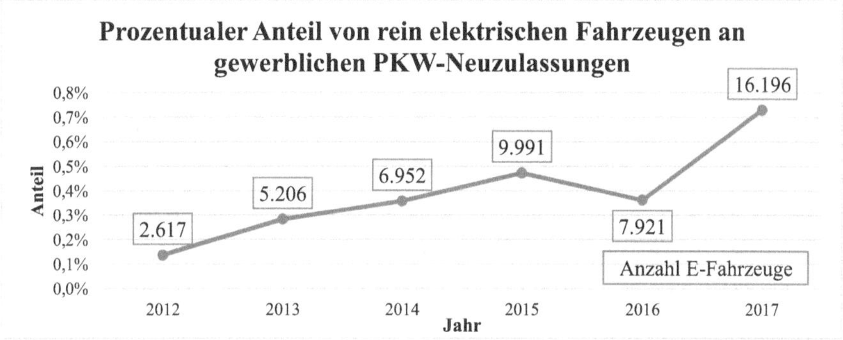

Abbildung 6: Prozentualer Anteil von rein elektrischen Fahrzeugen an gewerblichen PKW-Neuzulassungen 2012-2017 (eigene Darstellung, in Anlehnung an: KBA (2018a), S.14; KBA (2017a), S.14; KBA (2016a), S.14; KBA (2015a), S.14; KBA (2014a), S.16; KBA (2013a), S.16).

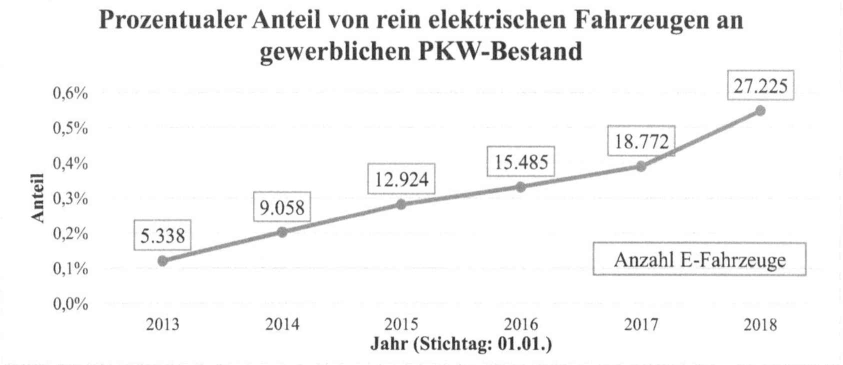

Abbildung 7: Prozentualer Anteil von rein elektrischen Fahrzeugen an gewerblichen PKW-Bestand 2013-2018 (eigene Darstellung, in Anlehnung an: KBA (2018b), S.14; KBA (2017b), S.14; KBA (2016b), S.14; KBA (2015b), S.13; KBA (2014b), S.15; KBA (2013b), S.15).

Diese zwei Abbildungen zeigen eine rasant schnelle Entwicklung des Markts: in 5 Jahren haben sich die gewerblichen Neuzulassungen von E-Fahrzeugen versechsfacht und der Bestand verfünffacht.

2.3.2 Angebot an E-Fahrzeugen

Nach der Betrachtung des deutschen PKW-Markts ist das aktuelle Angebot an elektrischen Fahrzeugen zu analysieren, um die wirtschaftliche Situation der Elektromobilität zu untersuchen.

Im Jahr 2017 wurden insgesamt (privat und gewerblich) 25.056 rein elektrische Fahrzeuge verkauft: diese können nach Segmenten, Marken und sogar Modellen unterteilt werden, um die zukünftige Wahl des Fahrzeugs für die Investitionsrechnung zu bekräftigen. In den folgenden zwei Diagrammen werden die Neuzulassungszahlen 2017 nach Segment aufgegliedert (Abbildung 8) bzw. die relevantesten Modelle im Jahr 2017 (Abbildung 9) dargestellt.

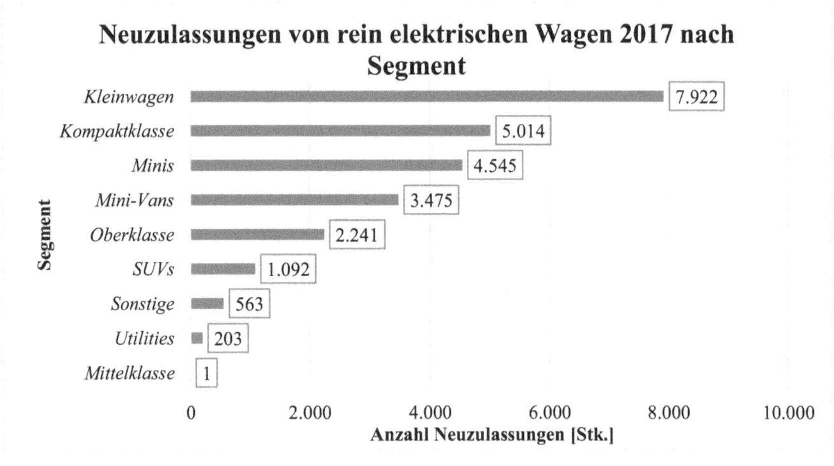

Abbildung 8: Neuzulassungen von rein elektrischen Wagen 2017 nach Segment (eigene Darstellung, in Anlehnung an: KBA (2018a), S.25 ff.).

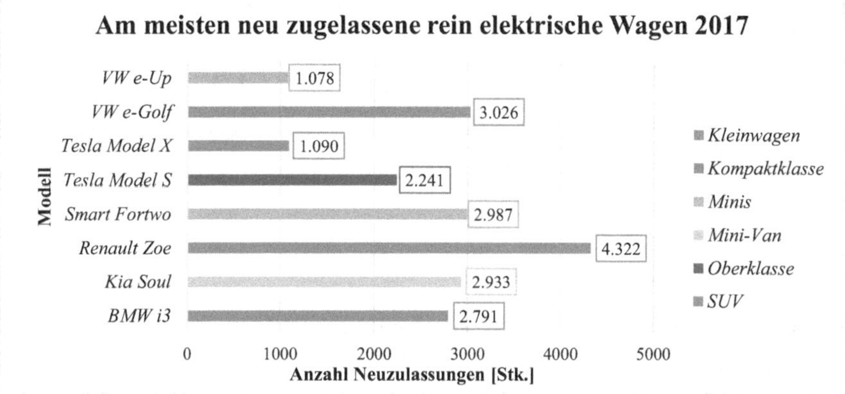

Abbildung 9: Am meisten neu zugelassene rein elektrische Wagen 2017, mindestens 1000 Neuzulassungen (eigene Darstellung, in Anlehnung an: KBA (2018a), S.25 ff.).

Die 8 oben genannten Modelle wurden insgesamt mehr als 20.000 mal neu zugelassen, das entspricht mehr als 80% der im Jahr 2017 neu zugelassene rein elektrische Fahrzeuge. Mit der Ausnahme von Tesla Model S, Tesla Model X und Kia Soul, gehören die anderen erfolgreichsten neuzugelassenen Fahrzeuge zum Kleinst-, Klein- bis Kompaktwagensegment.

2.3.3 Ladeinfrastruktur

Der Ausbau der Ladeinfrastruktur wird oft als entscheidender Faktor des Markthochlaufs der Elektromobilität gesehen, da die begrenzte Reichweite ein Hindernis für den Erwerb solcher Fahrzeuge darstellen kann.[42]

Die Notwendigkeit öffentlich zugänglicher Ladesäulen ist auch der Bundesregierung bekannt, deswegen wurden 300 Millionen Euro von 2017 bis 2020 in den Ausbau öffentlicher Ladeinfrastruktur eingeplant: mindestens 5.000 Schnellladesäulen und 10.000 Normalladesäulen sollen in Deutschland aufgebaut werden. Die Förderquote beträgt hier 40%, d.h. ca. 450 Mio. Euro werden privat investiert; das ergibt eine Gesamtsumme in Höhe von 750 Mio. Euro.[43]

---

[42] Vgl. Schumann (2017), S. 7
[43] Vgl. NPE (2018), S. 25

Der Bundesverband der Energie- und Wasserwirtschaft hat ein Ladesäulenregister zur Verfügung gestellt, in welchem die öffentlichen und teilöffentlichen Ladepunkte in Deutschand täglich erfasst und aktualisiert werden. Der Stand am Ende Juli 2018 war von rund 13.500 öffentlichen Ladepunkten (ca. 6.700 Ladesäulen) – davon 13% Schnelladepunkten - mit einem jählichen Zuwachs von über 25% (Ende Juni 2017 waren es ca. 10.700 Ladepunkte).[44]

3 Grundlagen der Investition

Nachdem die grundlegenden Informationen über das Betrachtungsobjekt dargestellt wurden, ist eine Beschreibung der Grundlagen der Investitionsrechnung notwendig, damit ein geeignetes Investitionsrechenverfahren für die Beantwortung der Problemstellung eingesetzt werden kann.

Eine Investition ist eine Maßnahme, „die einen Zahlungsstrom durch Mittelverwendung generiert. Normalerweise beginnt sie daher mit einer Auszahlung“[45] und sie lässt sich in Finanzinvestition (Nominalinvestition) und Sachinvestition (Realinvestition) unterscheiden. Käufe von Finanztiteln können als Finanzinvestitionen gesehen werden: hier werden geldwerte Ansprüche unmittelbar erworben. Bei Sachinvestitionen wird Geld für materielle oder immaterielle Objekte ausgegeben.[46] In dieser Problemstellung handelt es sich um eine Realinvestition, da ein Fahrzeug für betriebliche Zwecke erworben werden soll.

Neben den zwei Arten von Investition sind auch zwei verschiedene Arten von Entscheidungssituationen möglich: hier spricht man von absoluter und relativer Vorteilhaftigkeit. Im ersten Fall ist zu darüber zu unterscheiden, ob eine Investition überhaupt durchgeführt werden sollte; im zweiten Fall werden zwei oder mehrere Investitionen gegenübergestellt, um zu entscheiden, welche profitabler als die andere ist.[47] Das Ziel dieser Betrachtung ist zu entscheiden, ob die Investition in einem batterieelektrischen Wagen eine relative Vorteilhaftigkeit gegenüber einem verbrennungsmotorischen Wagen aufweist.

---

[44] Vgl. https://www.bdew.de/presse/presseinformationen/rund-13500-oeffentliche-ladepunkte-deutschland/ (Abruf am 18.10.2018). Unter https://ladesaeulenregister.de/ sind alle öffentlichen und halböffentlichen Ladepunkte in Deutschland verfügbar.

[45] Hirth (2017), S. 9

[46] Vgl. Adam (2000), S. 5; Hirth (2017), S. 13

[47] Vgl. Hirth (2017), S. 13

Zur Beurteilung des monetären Vorteils einer Investition sind verschiedene Verfahren bzw. Methoden vorhanden; diese werden in statische bzw. dynamische Ansätze untergliedert.

3.1 Klassische Investitionsrechenverfahren

Bei einem statischen Investitionsrechenverfahren handelt es sich um ein einperiodiges Verfahren; eine zeitliche Verteilung der Erfolgsgrößen ist nicht vorhanden.[48] Wesentliche Kritikpunkte an diesen Ansätzen sind die Vernachlässigung der Zeitpräferenz des Geldes und die Verwendung von Durchschnittswerten.[49] Einzelne statische Verfahren werden deswegen nicht weiter betrachtet.

Diese Durchschnittsbetrachtung ist bei den dynamischen Methoden nicht vorhanden: hier werden die Ein- und Auszahlungen periodengenau erfasst. Der unterschiedlich zeitliche Anfall dieser Zahlungen wird durch Kalkulationszinsen berücksichtigt.[50]

Die Kapitalwertmethode stellt das in der Literatur am meisten beachtete Verfahren der dynamischen Investitionsrechnung; hier wird die Investition anhand der Summe der abgezinsten Einzahlungsüberschüsse bewertet.[51] Eine (absolut) vorteilhafte Investition ist hier durch einen positiven Kapitalwert gekennzeichnet.

In der internen Zinsfußmethode wird der Kapitalwert gleich null gestellt ($C_0\ (i_{int}) = 0$). Ist der damit berechnete interne Zinssatz größer als der vorgegebene Kalkulationszinssatz, kann diese Investition als (absolut) vorteilhaft beurteilt werden.[52]

Diese Methoden sind stark vereinfachend und unterstellen zuerst die Annahme eines vollkommenen und für den Investor unbeschränkten Kapitalmarkts: der Investor kann zu einem einheitlichen Zinssatz Kapital in beliebiger Höhe anlegen oder aufnehmen (vollständiger Kapitalmarkt). Außerdem ist die Nutzungsdauer des Investitionsprojektes schon am Anfang bekannt.[53]

Für einen Vergleich zwischen zwei oder mehreren Investitionsprojekten ist die Annahme der vollständigen oder echten Alternative zu treffen, d.h. es darf keine Kapitalbindungs- und

[48] Vgl. Bieg/Kußmaul (2009), S. 69
[49] Vgl. vertiefend Perridon et al. (2017), S. 51
[50] Vgl. Perridon et al. (2017), S. 53
[51] Vgl. vertiefend Busse von Colbe/Witte (2018), S. 56; Trost/Fox (2017), S. 530
[52] Vgl. Trost/Fox (2017), S. 530
[53] Vgl. Busse von Colbe/Witte (2018), S. 58

Nutzungsdauerunterschiede unter den Projekten geben (nur in einer Periode kann das gebundene Kapital zwischen den Projekten abweichen).[54]

3.2 Methode der vollständigen Finanzpläne

Neben den klassischen Investitionsrechnungsansätzen wird die Methode der vollständigen Finanzpläne (VOFI) beschrieben. Ausgangspunkt der VOFI-Methode ist die sogenannte (Vermögens-)Endwertmethode: ihr entspricht die Kapitalendwertmethode, mit dem einzigen Unterschied, dass 2 verschiedene Zinssatze unterstellt werden (Soll- und Habenzinssatz).[55] Ein Unterschied zwischen Soll- und Habenzins ist oft bei großen Unternehmen eher gering und in manchen Fällen vernachlässigbar; wird aber diese Betrachtung bei einem kleinen oder mittleren Unternehmen durchgeführt, ist eine Differenzierung der Zinssätze notwendig, damit die Rechnung als plausibel angenommen werden kann.[56]

Von dieser Methode aufbauend wird durch einen Paradigmenwechsel die VOFI-Methode erstellt: die klassische Investitionsrechnung wird durch mathematische Formeln beschrieben, hier wird eine Tabelle verwendet.[57]

Die Elemente der VOFI-Methode umfassen nicht nur die originären Zahlungen (die Zahlungsreihe des Investitionsobjektes), sondern auch derivative Zahlungen wie Steuerzahlungen werden explizit berücksichtigt. Die schon im Abschnitt 2.2 beschriebenen steuerlichen Besonderheiten werden in dieser Methode berücksichtigt.[58] Der Prozess erfolgt periodisch-sukzessiv und wird durch verschiedene Schritte gekennzeichnet: nach Grob (2006) umfasst der Prozess zu Ermittlung des Endwerts 7 Schritte (sie werden einzeln hier nicht beschrieben). Der Finanzierungssaldo muss in jeder Periode gleich Null sein, damit der Endwert korrekt berechnet werden kann.[59]

Für die Beurteilung der relativen Vorteilhaftigkeit können die Endwerte verglichen werden (hier gilt noch die Annahme der echten Alternativen): das Projekt mit dem höheren Endwert

---

[54] Vgl. Trost/Fox (2017), S. 533
[55] Vgl. Götze (2014), S. 118
[56] Vgl. Trost/Fox (2017), S. 536
[57] Vgl. Grob (2006), S. 103
[58] Vgl. Grob (2006), S. 104 ff.
[59] Vgl. vertiefend zur Vorgehensweise Grob (2006), S. 112 f.

ist relativ vorteilhaft. Alternativ kann auch die VOFI-Eigenkapitalrentabilität für die Beurteilung der relativen und absoluten Vorteilhaftigkeit verwendet werden.[60]

Der Vergleich zweier Investitionsprojekte mittels VOFI-Methode kann auch durch die sogenannte dynamische Differenzanalyse erfolgen. Hier wird die Differenz „Zelle für Zelle" zwischen VOFIs zu zwei konkurrierenden Alternativen gebildet und in eine weitere VOFI eingetragen (die sogenannte Delta-VOFI). Mit dieser Methode kann direkt beurteilt werden, welches Projekt vorteilhafter als das andere ist: der Delta-Endwert bezeichnet die Endwertsteigerung (positiv) oder –senkung (negativ) gegenüber der anderen Alternative. [61]

4 Wirtschaftlichkeitsanalyse eines batterieelektrischen Fahrzeugs gegenüber einem verbrennungsmotorischen Fahrzeug bei Gewerbebetrieben

Nachdem die grundlegenden Informationen beschrieben wurden, kann die tatsächliche wirtschaftliche Analyse angegangen werden: das Ziel ist die Wirtschaftlichkeit eines batteriebetriebenen Fahrzeugs im Vergleich zu einer verbrennungsmotorischen Alternative zu betrieblichen Zwecken zu untersuchen. Die Berechnung erfolgt mit der VOFI-Methode, zunächst wird ein Standardszenario festgelegt.

4.1 Erläuterung der Ausgangsdaten

4.1.1 Standort- und Firmenauswahl

Zuerst ist eine Standortauswahl vorzunehmen, damit ein Gewerbesteuerhebesatz ausgewählt werden kann. Im Basisszenario wird Ilmenau als Standort ausgewählt. Das Laden des batterieelektrischen Wagens an einer öffentlichen Ladesäule wird nicht vorgesehen; eine Wallbox wird in dieser Betrachtung mit dem E-Auto gekauft.

Das Auto wird für einen Lieferantendienst verwendet; als Rechtsform der Firma wird eine GmbH verwendet: das unterstellt eine gewerbe- und körperschaftsteuerliche Analyse. Diese erfolgt erst aber im Abschnitt 4.1.6.

[60] Vgl. vertiefend Götze (2014), S. 129 ff.
[61] Vgl. Grob (2006), S. 239 ff.

4.1.2 Auswahl der Fahrzeuge

Die Auswahl der Fahrzeuge ist die zentrale Annahme dieser Betrachtung: für einen genaueren Vergleich wird ein E-Auto ausgewählt, das aus einer vorhandenen Plattform entwickelt wurde (Conversion Design).[62] Deswegen wird der VW e-Golf als batterieelektrischer Wagen ausgewählt; das verbrennungsmotorische Auto wird ein Golf sein, die ähnliche Merkmale (trotz den konstruktiven Unterschieden) aufweist: der VW Golf 1.5 TSI ACT Comfortline wird ausgewählt. Ein Vergleich der Fahrzeugdaten ist im Anhang 1 zu finden.

4.1.3 Anschaffungsauszahlung

Bei der Anschaffungsauszahlung eines E-Autos wird nicht nur der Grundpreis berücksichtigt, sondern auch der Einbau von einer Wallbox und die Kaufprämie.

Die ABL Wallbox mit einer maximalen Ladeleistung von 11 kW kostet aktuell 799 € inklusive Mehrwertsteuer (671,43 € Netto)[63]; das Auto kann aber serienmäßig maximal mit einer Ladeleistung von 7,2 kW geladen werden. In dieser Hinsicht besteht aber keine Problematik, da die Wallbox auch mit einem geringeren Strom das Auto laden kann (siehe Anhang 2): die Ladedauer beträgt in dieser Situation ca. 5 und halb Stunden.[64] Die Montagekosten der Wandladestation werden nicht berücksichtigt: es wird vorausgesetzt, dass die Firma selbstständig die Wallbox montiert.

Die Neuzulassung des Fahrzeugs wird in dieser Rechnung kalkuliert: eine Ausgabe von 26,90 € wird angenommen.[65]

Die Nettoanschaffungsauszahlungen betragen 26.866,40 € (Nettogrundpreis + Kfz-Zulassung + Wallbox – Kaufprämie) für die batterieelektrische Variante, für die verbrennungsmotorische Variante dagegen 21.014,29 €.

---

[62] Vgl. Karle (2015), S. 19

[63] Unter diesem Link können die technischen Daten der Wallbox gefunden werden: https://www.mobilityhouse.com/de_de/abl-wallbox-emh1-basic-evse803.html (Abruf am 13.12.2018)

[64] Unter dem Link https://www.mobilityhouse.com/de_de/elektroautos/volkswagen/volkswagen-e-golf.html (Abruf am 14.12.2018) können alle Ladeinformationen zum VW e-Golf gefunden werden.

[65] Unter dem Link https://www.ilm-kreis.de/%C3%84mter/Verkehrs-Gewerbe-und-Ordnungsamt/Kfz-Zulassung/index.php?La=1&object=tx,1582.491.1&kat=&kuo=2&sub=0 (Abruf am 14.12.2018) können die Gebühren für eine Neuzulassung angesehen werden. Hier wurde die kleinste Gebühr ausgewählt, und zwar 26,90 €

4.1.4 Finanzierung

Die Anfangsinvestition wird vollständig über ein Darlehen fremdfinanziert.

Der ClassicCredit der Volkswagen Bank GmbH bietet folgende Konditionen an:[66]

- Flexible Anzahlung (möglicherweise auch keine Anzahlung)
- Laufzeiten zwischen 12 und 72 Monaten wählbar (hier: 48 Monate)
- Sollzinssatz von 1,97% p.a.
- Gleichbleibende Monatsraten über die gesamte Laufzeit.

Da ein Dienstwagen keine (direkte) Gewinne verursacht, ist die Auswahl der Anlagemöglichkeiten und –renditen für eine Reinvestition der möglichen Einzahlungsüberschüsse nicht notwendig.

Die laufenden Ausgaben werden durch einen Kontokorrentkredit („Dispokredit“) der Volkswagen Bank GmbH vollständig fremdfinanziert. Dieser Kredit weist die folgenden Konditionen aus:[67]

- Sollzinssatz von 8,99% p.a.
- Unbegrenzte Laufzeit
- Individueller Nettodarlehensbetrag
- Rückzahlung flexibel

Die Tilgung erfolgt in beiden Investitionsalternativen durch einen Eigenkapitaleinsatz in der letzten zu betrachtenden Periode.

---

[66] Vgl. https://www.volkswagen.de/de/finanzdienstleistungen/finanzieren-und-mehr.html (Abruf am 20.11.2018) für die ausführliche Beschreibung des Kredits. In den Rechenbeispielen beim ClassicCredit werden Autos ohne Anzahlung und mit einem Sollzinssatz von 1,97% p.a. finanziert.

[67] Vgl. https://www.vwfs.de/kredite-finanzieren.html (Abruf am 20.11.2018) für eine ausführliche Darstellung der verschiedenen Kreditmöglichkeiten.

4.1.5 Ausgaben

Die zwei Autos verursachen verschiedene Ausgaben, die grundsätzlich in Anschaffungs- und laufende Kosten aufgeteilt werden können. Die Anschaffungsauszahlung wurde schon im Abschnitt 4.1.3 genauer betrachtet. Hier werden die laufenden Kosten berücksichtigt:[68]

- *Steuerliche Abschreibung (AfA):* gemäß §7 Absatz 1 EStG wird die Anschaffung von betrieblich benutzen Wirtschaftsgütern auf die Gesamtdauer der Verwendung linear abgeschrieben (Absetzung für Abnutzung in gleichen Jahresbeträgen). Ein Dienstwagen stellt ein Wirtschaftsgut dar; die steuerliche Nutzungsdauer wird durch die üblichen AfA-Tabellen berechnet: sie ist für Pkw 6 Jahre und ist für das verbrennungsmotorische sowie batterieelektrische Auto gültig.[69]

- *Kosten für Fahrzeugwartung:* die Kosten der Fahrzeugwartung werden gemäß der ADAC-Autokosten erfasst (hier werden Werkstattkosten genannt). Für den e-Golf sind sie 46 €/Monat, d.h. 552 € p.a., für die verbrennungsmotorische Variante 59 €/Monat (708 € p.a.).[70] Diese Kosten umfassen verschiedene Verschleißreparaturen mit Intervallen gemäß Herstellerangaben sowie Reifenwechsel. Im ADAC-Modell werden Steuern wie die Mehrwertsteuer miteinberechnet. Mit einem Vorsteuerabzug betragen die Kosten für die Fahrzeugwartung jeweils 463,87 € p.a. und 594,96 € p.a..

- *Kosten der Ladeinfrastruktur (nur E-Auto):* unter der Voraussetzung, dass eine Wallbox eingebaut wird, müssen auch Wartungskosten berücksichtigt werden; diese betragen in Anlehnung an Kley (2011) für eine private Ladeinfrastruktur maximal 50 € p.a..[71] Hier wird ein Vorsteuerabzug nicht vorgenommen.

- *Kfz-Steuer:* wie schon im Abschnitt 2.2 erwähnt, ist ein E-Auto für 10 Jahre nach der Erstzulassung von der Kfz-Steuer befreit. Die Kfz-Steuer für die verbrennungsmotorische Variante wird gemäß den Daten der ADAC (siehe Anhang 1) berechnet: sie beträgt 66 € p.a..

---

[68] Vgl. Mottschall/Vogel (2016), S. 14

[69] Vgl. Boesche et al. (2017), S. 6 f.; die AfA-Tabellen sind unter diesem Link zu finden: http://www.bundesfinanzministerium.de/Content/DE/Standardartikel/Themen/Steuern/Weitere_Steuerthemen/Betriebspruefung/AfA-Tabellen/2000-12-15-afa-103.pdf?__blob=publicationFile&v=1 (Fundstelle 4.2.1)

[70] Siehe Anhang 1

[71] Vgl. Kley (2011), S. 33. Eine konduktive (private) Ladeinfrastruktur mit einer Ladeleistung zwischen 3,7 und 22 kW wird „K2" bezeichnet.

- *Versicherung:* die Kosten für die Fahrzeugversicherung werden auch anhand der Daten der ADAC berechnet (siehe Anhang 1). Sie umfassen den Beitrag zur Kfz-Haftpflichtversicherung plus den Betrag zur Vollkasko; für den e-Golf betragen die Versicherungskosten damit 1.822 € p.a., für die verbrennungsmotorische Variante nur 1.560 € p.a.. Diese Kosten sind nicht vorsteuerabzugsfähig.[72]

- *Kosten für Haupt-/Abgasuntersuchung:* die Anlage VIII der Straßenverkehrs-Zulassungs-Ordnung reguliert nicht nur die Art und Gegenstand der Hauptuntersuchungen, sondern auch die Zeitabstände der Prüfungen. Die erste Hauptuntersuchung erfolgt innerhalb 36 Monaten nach der Erstzulassung (siehe Fundstelle 2.1.2.1), danach ist sie alle 24 Monate fällig. Seit Januar 2010 ist die Abgasuntersuchung Bestandteil der Hauptuntersuchung. Die Kosten der Hauptuntersuchung beträgt 53,50 € und der Abgasuntersuchung 41 € (sie entfällt bei elektrischen Fahrzeugen).[73] Diese Ausgaben sind steuerfrei.[74]

- *Benzin- und Strompreise:* um die Kraftstoffkosten genau zu berechnen ist auch eine Betrachtung der Fahrprofile notwendig; diese wird aber im Abschnitt 4.1.6 durchgeführt. Zuerst kann der aktuelle Strom- und Benzinpreis ermittelt werden sowie ihre Entwicklung in den nächsten Jahren. Im Anhang 3 ist deutlich zu sehen, dass der Strompreis seit 2013 nur 6 ct/kWh gestiegen ist (von 28,82 zu 29,44 ct/kWh): dies unterstellt einen Anstieg von ca. 2% in 5 Jahren, also eine durchschnittliche Steigerung von 0,4% p.a. (siehe Anhang 6 für die Berechnung). Für die Benzinpreisentwicklung wird die Analyse von Schubert et al. (2014) verwendet: hier wird zwischen 2010 und 2030 ein durchschnittlicher jährlicher Preisanstieg von 2% prognostiziert;[75] der aktuelle Benzinpreis (Stand September 2018) beträgt ca. 1,53 €/l.[76] Diese Kraftstoffpreise enthalten noch Mehrwertsteuer.

---

[72] Unter dem Link https://openjur.de/u/160982.html (Abruf am 13.12.2018) ist der BFZ-Beschluss vom 23.11.2010 zu finden; hier wird die Nichtabzugsfähigkeit der Versicherung beschrieben.
[73] Vgl. Mottschall/Vogel (2016), S. 25
[74] Vgl. OFD Frankfurt/M. (2010), S. 2025
[75] Vgl. Schubert et al. (2014), S. 185
[76] Unter dem Link https://de.statista.com/statistik/daten/studie/1690/umfrage/preis-fuer-einen-liter-superbenzin-monatsdurchschnittswerte/ (Abruf am 27.12.2018) kann der durchschnittliche Preis für einen Liter Benzin gefunden werden.

- *Restwert:* eine letzte Eingangsgröße muss berücksichtigt werden, und zwar der Restwert des Autos im Moment des Verkaufs. Unter der Annahme, dass das Auto nach 6 Jahren verkauft wird[77], kann der Restwert für die zwei Fahrzeuge berechnet werden. Für die Restwertberechnung der Fahrzeuge wird der Wertverlustrechner der Website autokostencheck.de verwendet. Der Verbrenner mit einer Erstzulassung im Jahr 2018 besitzt einen abgeschätzten Restwert nach 6 Jahre (also der Gebrauchtwagen-Wert 2024) von 10.280 €, der e-Golf dagegen 14.770 € (siehe Anhang 4 und 5).[78] Hier ist noch ein Abzug der Umsatzsteuer vorzunehmen: der Netto-Restwert beträgt dann jeweils 8.638,66 € und 12.411,76 €.

4.1.6 Fahrprofil und jährliche Kraftstoffkosten

Damit die tatsächlichen Kraftstoffkosten berechnet werden können, ist eine Betrachtung des jährlichen Fahrprofils notwendig. Für die Berechnung der anderen laufenden Kosten wird im ADAC-Onlinerechner eine Jahresfahrleistung von 15.000 km vorausgesetzt.[79]

Da nur eine gewerbliche Nutzung unterstellt wird, kann ausgerechnet werden, wie viele Kilometer das Auto durchschnittlich in einem Arbeitstag fahren sollte. Es wird unterstellt, dass ca. 300 Arbeitstage pro Jahr zur Verfügung stehen (1 Tag pro Woche frei plus gesetzliche Feiertage).

Unter der Annahme einer konstanten täglichen Fahrleistung, muss das Auto täglich ca. 50 km fahren, um eine Jahresfahrleistung von 15.000 km zu erreichen: da die Reichweite des elektrischen Wagens 231 km beträgt, besteht in dieser Hinsicht keine Problematik.

Mit dieser Kenntnis können die jährlichen Kraftstoffkosten ausgerechnet werden; zuerst wird die jährliche Kilometeranzahl mit dem jeweiligen Kraftstoffverbrauch pro Einheit (5,0l/100km im Falle des Verbrenners, 13,2kWh/100km für das E-Auto) multipliziert, um den jährlichen Kraftstoffverbrauch zu berechnen. Danach wird dies mit dem jeweiligen Kraftstoffpreis pro Einheit multipliziert. Der Verbrenner hat einen jährlichen Verbrauch von ca. 750 l, das entspricht eine Ausgabe im Jahr 2018 von ca. 1.147 €; das E-Auto verbraucht

---

[77] Die Nutzungsdauer eines Dienstwagens beträgt durchschnittlich 5 Jahre; im Standardszenario wird eine längere Nutzungsdauer (6 Jahre) unterstellt. Dieser Parameter wird in der Sensitivitätsanalyse weiter diskutiert.

[78] Für die Restwertberechnung wird auch vorausgesetzt, dass die jährliche Fahrleistung 15.000 km beträgt. Diese Annahme wird erst im Abschnitt 4.1.6 getroffen.

[79] Vgl. ADAC (2018), S. 1. Auch eine Haltedauer von 5 Jahren in diesem Modell wird unterstellt

jährlich ca. 1980 kWh Strom, dies entspricht Kraftstoffkosten 2018 i.d.H. von ca. 583 €. Diese Kosten sind vorsteuerabzugsfähig: Netto betragen die Kraftstoffkosten 2018 jeweils ca. 964 € und 490 €.

Da die Strom- und Benzinpreise steigen und die jährliche Fahrleistung konstant bleibt, werden die Kraftstoffkosten jährlich auch steigen; diese werden aber in der Tabelle im Abschnitt 4.2 dargestellt. Die vollständige Berechnung mit den jeweiligen Formeln erfolgt im Anhang 6.

4.1.7 Besteuerung

Die (steuer-)rechtlichen Rahmenbedingungen der Elektromobilität wurden schon im Abschnitt 2.2 skizziert. Da die Rechtsform der Firma ausgewählt wurde, ist eine gewerbe- und körperschaftssteuerrechtliche Analyse der Investition notwendig, um die für die Beispielrechnung erforderlichen Rahmenbedingungen vollständig beschreiben zu können.

Die Firma ist gemäß § 2 Abs. 1 und 2 GewStG und § 1 Abs. 1 Nr. 1 KStG unbeschränkt gewerbe- und körperschaftsteuerpflichtig. Die Bemessungsgrundlage für die Gewerbesteuer ist der Gewerbeertrag, mit einer Hinzurechnung von 25% der Summe der Schuldzinsen, da diese „Entgelten für Schulden" gemäß § 8 Nr. 1 GewStG darstellen. Für die Körperschaftssteuer ist diese Hinzurechnung nicht vorzunehmen.

Um der zu zahlenden Steuerbetrag zu ermitteln, wird der Gewerbeertrag mit der Messzahl von 3,5% und mit dem Hebesatz der jeweiligen Gemeinde multipliziert. In Ilmenau beträgt im Jahr 2017 der Gewerbesteuerhebesatz 420%.[80] Für die Körperschaftsteuer ist ein Steuersatz von 15% plus 5,5% Solidaritätszuschlag zu berechnen.

4.2 Berechnung des Basisszenarios

Die grundlegende Annahme der Investitionsrechnung ist eine Anschaffungsauszahlung beider Fahrzeuge am 01.01.2018 (t=0). Die Zeitpunkte 1,2,3 usw... beziehen sich dementsprechend auf den gleichen Stichtag (01.01.) der folgenden Jahren.

Alle wichtigen Daten werden in der folgenden Tabelle nach Größenart zusammengefasst:

[80] Unter dem Link https://www.gewerbesteuer.de/gewerbesteuerhebesatz/ilmenau (Abruf am 27.12.2018) kann der Gewerbesteuerhebesatz in Ilmenau gefunden werden.

Kosten					
Angaben					Begründung
	BEV		ICE		
	Brutto	Netto	Brutto	Netto	
Anschaffungsauszahlung					
Grundpreis	35.900,00 €	30.168,07 €	24.975,00 €	20.987,39 €	Abschnitt 4.1.3
Wallbox	799,00 €	671,43 €			Abschnitt 4.1.3
Kaufprämie		4.000,00 €			Abschnitt 2.2
Kfz-Anmeldung		26,90 €		26,90 €	Abschnitt 4.1.3
Investitionssumme		**26.866,40 €**		**21.014,29 €**	
laufende Ausgaben					
jährliche Abschreibungsrate		4.477,73 €		3.502,38 €	Abschnitt 4.1.4
Fahrzeugwartung	552 € p.a.	463,87 € p.a.	696 € p.a.	584,87 € p.a.	Abschnitt 4.1.5
Ladeinfrastruktur		50 € p.a.			Abschnitt 4.1.5
Kfz-Steuer		0 € p.a.		66 € p.a.	Abschnitt 4.1.5
Versicherung		1.822 € p.a.		1.560 € p.a.	Abschnitt 4.1.5
Haupt/Abgasuntersuchung (t=3,5,7…)		53,50 €		94,50 €	Abschnitt 4.1.5
Kraftstoffpreis (t=0)	29,44 ct/kWh	24,74 ct/kWh	1,53 €/l	1,29 €/l	Abschnitt 4.1.5
Kraftstoffkosten (t=1)	582,91 €	489,84 €	1.147,50 €	964,29 €	Abschnitt 4.1.6, Anhang 6
Kraftstoffkosten (t=2)	585,24 €	491,80 €	1.170,45 €	983,57 €	Abschnitt 4.1.6, Anhang 6
Kraftstoffkosten (t=3)	587,58 €	493,77 €	1.193,86 €	1.003,24 €	Abschnitt 4.1.6, Anhang 6
Kraftstoffkosten (t=4)	589,93 €	495,74 €	1.217,74 €	1.023,31 €	Abschnitt 4.1.6, Anhang 6
Kraftstoffkosten (t=5)	592,29 €	497,73 €	1.242,09 €	1.043,77 €	Abschnitt 4.1.6, Anhang 6
Kraftstoffkosten (t=6)	594,66 €	499,72 €	1.266,93 €	1.064,65 €	Abschnitt 4.1.6, Anhang 6
Kraftstoffkosten (t=7)	597,04 €	501,72 €	1.292,27 €	1.085,94 €	Abschnitt 4.1.6, Anhang 6
Kraftstoffkosten (t=8)	599,43 €	503,72 €	1.318,12 €	1.107,66 €	Abschnitt 4.1.6, Anhang 6
Restwert (nach 6 Jahre)	14.770,00 €	12.411,76 €	10.280,00 €	8.638,66 €	Abschnitt 4.1.5

Finanzierung			
Angaben			Begründung
	BEV	ICE	
Anschaffungsfinanzierung			
VW-ClassicCredit	26.866,40 €	21.014,29 €	Abschnitt 4.1.4
Kreditzins (Sollzins) p.a.	1,97%	1,97%	Abschnitt 4.1.4
Laufzeit	4 Jahre	4 Jahre	Abschnitt 4.1.4
jährliche Ratentilgung	6.716,60 €	5.253,57 €	Abschnitt 4.1.4
Kontokorrentkredit (VW-Bank) "Dispokredit"			
Sollzinssatz p.a.	8,99%	8,99%	Abschnitt 4.1.4
Nettodarlehensbetrag	individuell	individuell	Abschnitt 4.1.4
Monatliche Raten	Rückzahlung flexibel	Rückzahlung flexibel	Abschnitt 4.1.4
Steuern			
Gewerbesteuermesszahl	3,50%	3,50%	Abschnitt 4.1.7
Gewebesteuerhebesatz (Ilmenau)	420,00%	420,00%	Abschnitt 4.1.7
Körperschaftssteuersatz	15,00%	15,00%	Abschnitt 4.1.7
Solidaritätszuschlagsatz	5,50%	5,50%	Abschnitt 4.1.7
Sonstiges			
steuerliche Nutzungsdauer	6 Jahre	6 Jahre	Abschnitt 4.1.5
Nutzungsdauer	6 Jahre	6 Jahre	Abschnitt 4.1.5
jährliche Fahrleistung	15.000 km	15.000 km	Abschnitt 4.1.6
Kraftstoffverbrauch (NEFZ)	13,2 kWh/100 km	5,0 l/100 km	Abschnitt 4.1.6
jährliche Kraftstoffpreissteigerung	0,40%	2%	Abschnitt 4.1.5, Anhang 6

Tabelle 3: Eingangsparameter der Wirtschaftlichkeitsrechnung

Ein Unterschied zwischen den Zinssätzen, den Anschaffungsauszahlungen sowie den Nutzungsdauern der Projekten ist nicht vorhanden: die zwei Investitionsprojekte bilden unter den oben genannten Annahmen vollständige Alternativen.

Ergänzungsinvestitionen bzw. -finanzierungen müssen nicht durchgeführt werden.

Hier ist eine dynamische Differenzanalyse zielgerichtet und aussagekräftiger, da sie eine direkte Beurteilung der relativen Vorteilhaftigkeit ermöglicht.[81] Die zwei VOFIs werden übereinandergelegt und für jede Zelle die Differenz gebildet (die VOFI des elektrischen Wagen minus der VOFI des Verbrenners): ein positiver Delta-Endwert würde eine relative Vorteilhaftigkeit des batterieelektrischen Wagens gegenüber dem Verbrenner darstellen. Für die Steuerbetrachtung wird auch hier die Differenz zwischen den Projekten gebildet.

Die Nebenrechnung der Einzahlungsüberschüsse der einzelnen Projekte erfolgt im Anhang 7; die einzelnen Finanzpläne sowie Steuerberechnungen werden dann im Anhang 8, 9, 10 und 11 vollständig ausgeführt.

[81] Im Abschnitt 3.2. wurde die dynamische Differenzanalyse schon beschrieben.

Stichtag	1.1.2018	1.1.2019	1.1.2020	1.1.2021	1.1.2022	1.1.2023	1.1.2024
Zeitpunkt	0	1	2	3	4	5	6
Δ-Zahlungsfolge der Investition	- 5.852,10 €	359,54 €	376,86 €	435,57 €	412,66 €	472,14 €	4.223,13 €
Δ-Eigene Mittel							840,64 €
Δ-VW-ClassicCredit							
+ Δ-Aufnahme	5.852,10 €						
- Δ-Tilgung		- 1.463,03 €	- 1.463,03 €	- 1.463,03 €	- 1.463,03 €		
- Δ-Sollzinsen		- 115,29 €	- 86,46 €	- 57,64 €	- 28,82 €		
Δ-Kontokorrentkredit							
+ Δ-Aufnahme		999,84 €	1.032,47 €	1.038,51 €	1.101,63 €	- 351,35 €	
- Δ-Tilgung							- 3.821,10 €
- Δ-Sollzinsen			- 89,89 €	- 182,70 €	- 276,07 €	- 375,10 €	- 343,52 €
Δ-Ertragssteuern							
- Δ-Steuerzahlung							- 681,25 €
+ Δ-Steuererstattung		218,93 €	230,04 €	229,30 €	253,62 €	254,32 €	- 217,91 €
Δ-Finanzierungssaldo	0,00 €	0,00 €	0,00 €	0,00 €	0,00 €	0,00 €	0,00 €
Δ-Bestandsgrößen							
Δ-Eigenkapitalbestand							- 840,64 €
Δ-Kreditbestände							
Δ-VW-ClassicCredit	5.852,10 €	4.389,08 €	2.926,05 €	1.463,03 €			
Δ-Kontokorrentkredit		999,84 €	2.032,31 €	3.070,82 €	4.172,45 €	3.821,10 €	
Δ-Bestandssaldo	**- 5.852,10 €**	**- 5.388,92 €**	**- 4.958,36 €**	**- 4.533,85 €**	**- 4.172,45 €**	**- 3.821,10 €**	**- 840,64 €**

Tabelle 4: Delta-VOFI (VOFI-Elektroauto – VOFI-Verbrenner)

Δ-Berechnung der Abschreibungen (AfA)						
Zeitpunkt	1	2	3	4	5	6
Δ-Buchwert zu Beginn des Jahres	5.852,10 €	4.876,75 €	3.901,40 €	2.926,05 €	1.950,70 €	975,35 €
- Δ-Abschreibungen	-975,35 €	-975,35 €	-975,35 €	-975,35 €	-975,35 €	-975,35 €
Δ-Buchwert zum Ende des Jahres	4.876,75 €	3.901,40 €	2.926,05 €	1.950,70 €	975,35 €	0,00 €
Δ-Berechnung der Gewerbesteuer						
Zeitpunkt	1	2	3	4	5	6
Δ-Rückfluss	359,54 €	376,86 €	435,57 €	412,66 €	472,14 €	450,02 €
- Δ-Abschreibungen	-975,35 €	-975,35 €	-975,35 €	-975,35 €	-975,35 €	-975,35 €
+ Δ-Veräußerungserfolg	0,00 €	0,00 €	0,00 €	0,00 €	0,00 €	3.773,11 €
- Δ-Zinsaufwand	-115,29 €	-176,35 €	-240,35 €	-304,89 €	-375,10 €	-343,52 €
+ Δ-Zinsertrag	0,00 €	0,00 €	0,00 €	0,00 €	0,00 €	0,00 €
+ Δ-25% Schuldzinsen	28,82 €	44,09 €	60,09 €	76,22 €	93,78 €	85,88 €
Δ-Veränderung der Bemessungsgrundlage	-702,28 €	-730,75 €	-720,04 €	-791,36 €	-784,54 €	2.990,15 €
Δ-Steuerzahlung/Steuererstattung	103,23 €	107,42 €	105,85 €	116,33 €	115,33 €	-439,55 €
Δ-Berechnung der Körperschaftsteuer						
Zeitpunkt	1	2	3	4	5	6
Δ-Rückfluss	359,54 €	376,86 €	435,57 €	412,66 €	472,14 €	450,02 €
- Δ-Abschreibungen	-975,35 €	-975,35 €	-975,35 €	-975,35 €	-975,35 €	-975,35 €
+ Δ-Veräußerungserfolg	0,00 €	0,00 €	0,00 €	0,00 €	0,00 €	3.773,11 €
- Δ-Zinsaufwand	-115,29 €	-176,35 €	-240,35 €	-304,89 €	-375,10 €	-343,52 €
+ Δ-Zinsertrag	0,00 €	0,00 €	0,00 €	0,00 €	0,00 €	0,00 €
Δ-Veränderung der Bemessungsgrundlage	-731,10 €	-774,84 €	-780,13 €	-867,58 €	-878,31 €	2.904,27 €
Δ-Steuerzahlung/Steuererstattung	109,67 €	116,23 €	117,02 €	130,14 €	131,75 €	-435,64 €
Δ-Berechnung des Solidaritätszuschlags						
Zeitpunkt	1	2	3	4	5	6
Δ-Körperschaftsteuerzahlung	109,67 €	116,23 €	117,02 €	130,14 €	131,75 €	-435,64 €
Δ-Zahlung/Erstattung des Solidaritätszuschlags	6,03 €	6,39 €	6,44 €	7,16 €	7,25 €	-23,96 €
Zeitpunkt	1	2	3	4	5	6
Δ-Steuerzahlung (-)/Steuererstattung (+)	218,93 €	230,04 €	229,30 €	253,62 €	254,32 €	-899,15 €

Tabelle 5: Delta-Steuer

Die positiven Ergebnisse der Differenz der Einzahlungsüberschüsse von t=1 bis 6 besagen, dass die laufenden Kosten des elektrischen Wagen kleiner als die der verbrennungsmotorischen Alternative sind; dazu ist in der Periode t=6 eine noch höhere

Differenz vorhanden, da das E-Auto einen höheren Restwert aufweist. Steuerlich ist das E-Fahrzeug bis auf die letzte Periode wegen des höheren Verkaufswerts vorteilhafter; diese Vorteile gleichen aber die höhere Anschaffungsauszahlung (mindestens im Standard-Szenario) nicht vollständig aus. Die Differenz zwischen den Endwerten ist so klein, dass eine minimale Änderung der Eingangsgrößen das Ergebnis beeinflussen kann.

5 Sensitivitätsanalyse

Nach der Wirtschaftlichkeitsrechnung des Basisszenarios erfolgt eine Sensitivitätsanalyse: hier werden Inputgrößen verändert und Auswirkungen auf die Zielgröße (in diesem Fall auf den Delta-Endwert) untersucht.[82] Aus dieser Sensitivitätsanalyse kann man dann schlussfolgern, welche Eingangsparameter stärker das Endergebnis beeinflussen und dementsprechend welche Handlungen zur Förderung der Elektromobilität bei Gewerbebetrieben empfohlen werden können.

5.1 Haltedauer

Der erste Parameter ist die Haltedauer des Fahrzeugs. In der nachfolgenden Abbildung wird der Verlauf des Delta-Endwerts in Abhängigkeit der Haltedauer dargestellt.

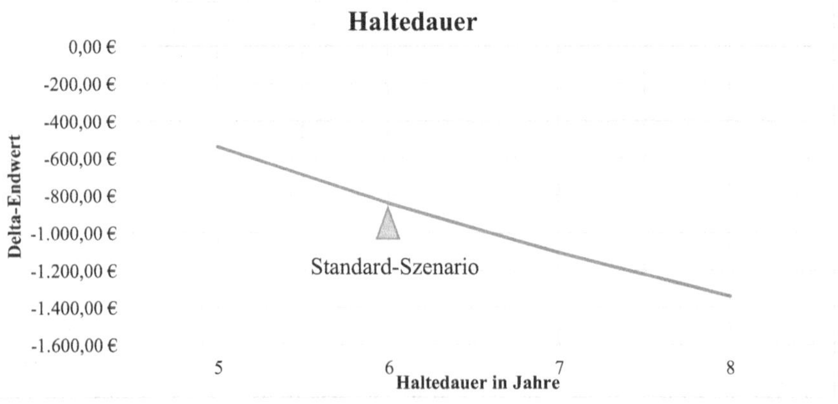

Abbildung 10: Sensitivität des Delta-Endwerts auf die Haltedauer

[82] Vgl. Kruschwitz (2014), S. 313

Der Verlauf zeigt, dass eine kürzere Haltedauer einen Vorteil für das batteriebetriebene Auto darstellen würde; die Erläuterung dafür erfolgt nicht so trivial, weil sie von verschiedenen Faktoren abhängig ist.

Im Jahr 4 wurde der Anschaffungskredit durch den Kontokorrentkredit vollständig getilgt; danach werden die laufenden Kosten noch mit dem Kontokorrentkredit gedeckt. Die Zinsen des Kontokorrentkredits fallen aber höher bei dem e-Golf an, obwohl die Aufnahme im Jahr 5 kleiner ist, weil die Aufnahmen in den vorherigen Jahren höher waren; dieser Unterschied der Zinsen wird nur teilweise durch Vorteile in den laufenden Kosten und steuerliche Vorteile ausgeglichen. Wird das Auto direkt im Jahr 5 verkauft, werden die Zinsen des Kontokorrentkredits ein Jahr weniger bezahlt. Die höheren laufenden Kosten des Verbrenners verkleinern ab Jahr 5 die Differenz der Verzinsungen zwischen den Kontokorrentkrediten: deswegen ist der Verlauf der Funktion degressiv.

5.2 Durchschnittliche Jahresfahrleistung

Im Beispiel-Szenario wurde eine durchschnittliche Jahresfahrleistung von 15.000 km unterstellt; eine höhere oder niedrigere Fahrleistung verursacht Änderungen verschiedener Parameter.

Die Kraftstoffkosten sind kilometerabhängig und ihren Verlauf kann als linear gesehen werden: nur eine Änderung der Fahrleistung wird in der Formel im Anhang 6 angegangen.

Die Wartungskosten werden weiter durch eine Änderung der Fahrleistung im ADAC-Autokostenrechner erfasst; die gleiche Vorgehensweise erfolgt für den Restwert mit dem Restwertrechner von autokostencheck.de.

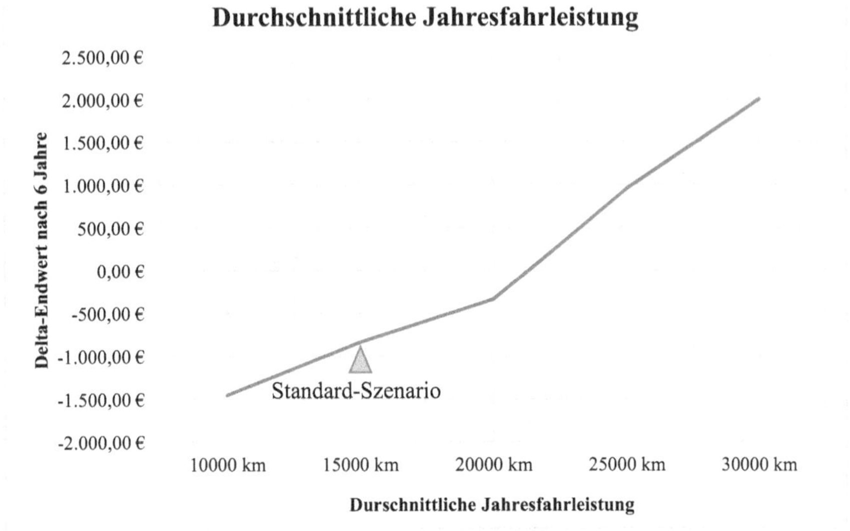

Abbildung 11: Sensitivität des Delta-Endwerts auf die durchschnittliche Jahresfahrleistung

In dieser Abbildung ist zu sehen, dass das batterieelektrische Auto eine relative Vorteilhaftigkeit bei einer höheren Fahrleistung aufweist.

Das Ersparnis der Kraftstoffkosten wird bei intensiveren Fahrprofilen noch deutlicher; hier wurde aber nicht berücksichtigt, dass eine Problematik der Reichweite entstehen kann: wird eine konstante Tagesfahrleistung unterstellt, muss ein elektrischer Wagen bei 30.000 km p.a. ca. 100 km/Tag fahren.[83]

Der sprunghafte Verlauf dieser Funktion ist vom ADAC-Autokostenrechner und vom Restwertrechner von autokostencheck.de zurückzuführen.

Bei einer Fahrleistung von 30.000 km p.a. wird die Kilometeranzahl am Ende des betrachteten Zeitraums 180.000 km, und oberhalb der Garantie des Akkus für den BEV; dies könnte den Restwert des Wagens negativ beeinflussen. Diese Betrachtung wird weiter im Abschnitt 5.5 durchgeführt.

[83] Die gleiche Rechnung wurde im Abschnitt 4.1.6 für eine Jahresfahrleistung von 15.000 km p.a. verwendet.

5.3 Zinssätze

Der Aufbau der Investitionsrechnung ist stark von den Zinssätzen der Kredite abhängig. Zunächst werden beide Verzinsungen näher betrachtet, um die Auswirkungen einer Änderung des Zinssatzes besser nachzuvollziehen (eine gleichzeitige Änderung der Zinssätze wird hier nicht in Betracht genommen).

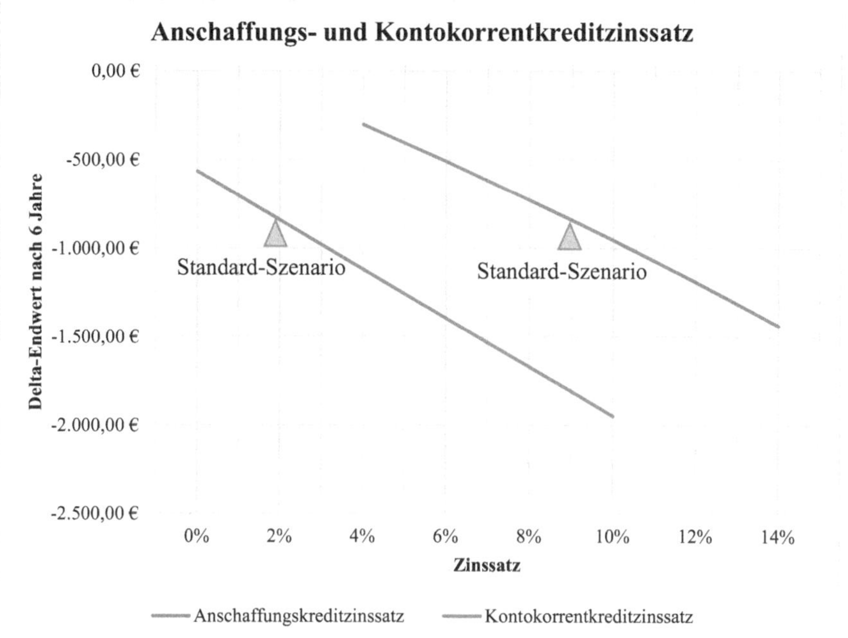

Abbildung 12: Sensitivität des Delta-Endwerts auf die Anschaffungs- und Kontokorrentzinssätze

Der Verlauf zeigt, dass der Delta-Endwert bei steigendem Zinssatz (also für beide Fälle) sinkt. Interessanter für das Endergebnis scheint in dieser Instanz der Kontokorrentzinssatz zu sein, weil eine Rentabilitätsgrenze für die die Anschaffungskreditverzinsung nicht existiert (mit der Annahme eines positiven Zinssatzes). Die Investition kann unter den gegebenen Rahmenbedingungen erst unter einem Kontokorrentzinssatz von ca. 1,13% als vorteilhaft gesehen werden. Die (leicht) progressiven Verläufe der Funktionen können durch den sogenannten Zinseszinseffekt erklärt werden:[84] hier handelt es sich jeweils um eine Differenz zwischen zwei progressiven Verläufen (Zinssatz BEV – Zinssatz ICE).

5.4 Strom- und Benzinpreisentwicklung

Im Standard-Szenario wurde eine jährliche Benzin- sowie Strompreissteigerung von jeweils +2% und +0,4% festgestellt. Im Folgenden werden diese Parameter geändert und ihre Auswirkungen auf den Delta-Endwert analysiert (auch hier ist eine gleichzeitige Änderung beider Parameter nicht durchgeführt).

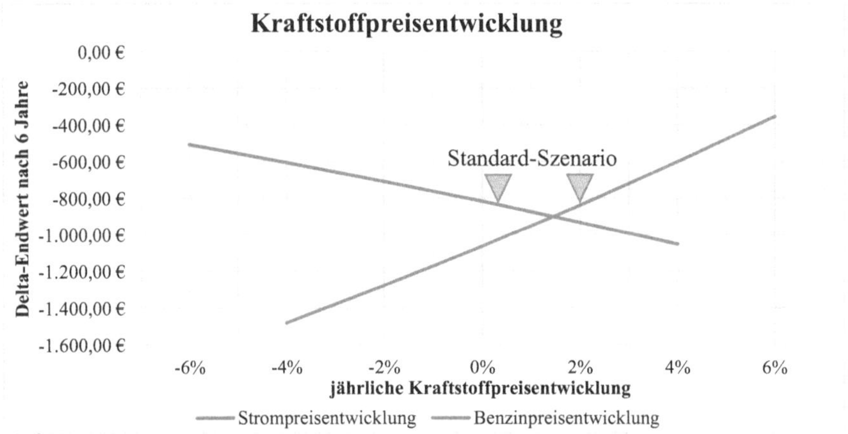

Abbildung 13: Sensitivität des Delta-Endwerts auf die jährliche Kraftstoffpreisentwicklung

Eine Erhöhung der Benzinpreise bzw. Senkung der Strompreise hat eine positive Auswirkung auf den Delta-Endwert, weil die Differenz zwischen den laufenden Kosten der Fahrzeuge erhöht wird.

Mit einer jährlichen Erhöhung der Benzinpreise von 8,68% oder einer Senkung der Strompreise von 18,52% werden die Rentabilitätsgrenzen erreicht.

5.5 Restwert

Zunächst soll untersucht werden, welche Auswirkungen die Änderung des Restwerts eines Wagens auf das Endergebnis verursachen kann.

[84] Vgl. vertiefend dazu Pape (2015), S. 52 f.

Diese Analyse ist auch notwendig, weil Erfahrungswerte für den Restwert des batterieelektrischen Wagens wegen des früheren Marktstadiums noch nicht verfügbar sind. Die (eventuell negative) Auswirkung des Verbrauchs des Batteriesystems (eine Garantie von 8 Jahren bzw. von 160.000 km ist von Volkswagen gewährleistet) wird im Standard-Szenario nicht berücksichtigt: die relative Preissenkung pro Jahr ist bei beiden Fahrzeugen beim Restwertrechner gleich.

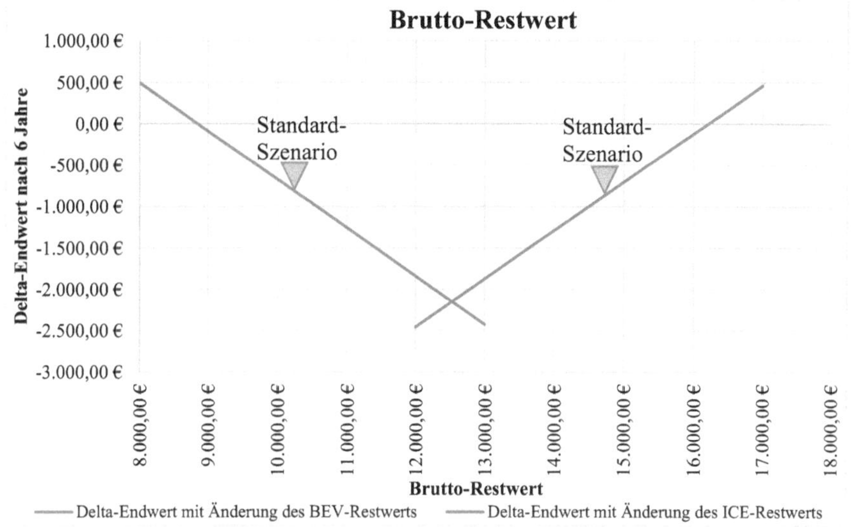

Abbildung 14: Sensitivität des Delta-Endwerts auf die Brutto-Restwerte

Die Verläufe der Funktionen sind linear und gespiegelt: es bedeutet, dass eine Erhöhung des Restwerts des elektrischen Wagens oder eine Senkung des Restwerts des Verbrenners um den gleichen Betrag die gleiche positive Auswirkung auf den Delta-Endwert darstellt.

Die Steigung beider Funktionen hat einen Betrag von ca. 0,584, dies entspricht eine Änderung des Delta-Endwerts von ca. 584 € auf eine Änderung des Restwerts eines Fahrzeugs von 1.000 €: dieses Phänomen ist auf den zu abgezogenen Umsatzsteuern des Verkaufspreises sowie auf einen Dämpfungseffekt der Steuern im letzten Periode zurückzuführen.[85] Da die Verläufe der Funktionen linear sind, können die zwei

[85] Ein höherer positiver Betragsunterschied der Restwerte verursacht höhere Delta-Steuerzahlungen

Rentabilitätsgrenzen (ca. 8.840 € für den Verbrenner und 16.210 € für das E-Auto) durch lineare Interpolation berechnet werden.

5.6 Grundpreis

Die Auswirkung der Änderung des Anschaffungspreises der Fahrzeuge auf den Delta-Endwert ist der letzte Parameter, der in dieser Sensitivitätsanalyse in Betracht genommen wird. Auch hier werden die Änderungen des Grundpreises einzeln betrachtet.

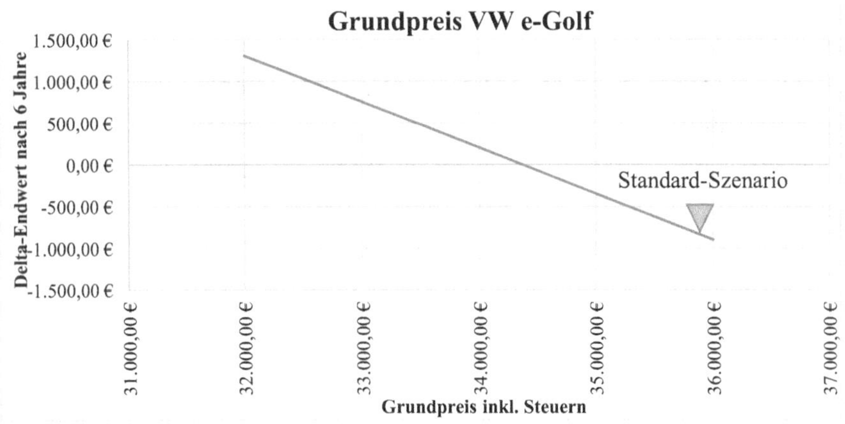

Abbildung 15: Sensitivität des Delta-Endwerts auf den Grundpreis des VW e-Golf

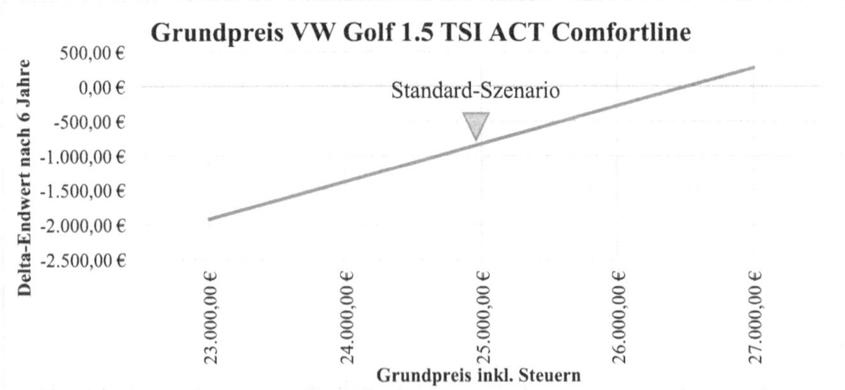

Abbildung 16: Sensitivität des Delta-Endwerts auf den Grundpreis des VW Golf 1.5 TSI ACT Comfortline

Eine Änderung des Grundpreises eines Fahrzeugs impliziert auch eine Änderung des Restwerts nach 6 Jahre (hier wurde nochmal der Restwertrechner von autokostencheck.de verwendet): dies (mit dem Vorsteuerabzug) dämpft den Effekt der Anschaffungspreisänderung bis zu einer Steigerung bzw. Senkung des Delta-Endwerts von ca. 550 € infolge einer Änderung des Grundpreises von 1.000 € (das gilt für beide Fahrzeuge).

Der Verlauf der Funktionen ist (wie bei der Restwertbetrachtung) linear; die Rentabilitätsgrenzen befinden sich jeweils bei ca. 34.371 € für die batterieelektrische Variante und bei ca. 26.503 € für den Verbrenner.

6 Alternative Szenarien

Bevor die Schlussbetrachtung erfolgen kann, werden durch eine plausible Änderung verschiedener Parameter noch zwei alternative Szenarien gebildet. Analog zum Standard-Szenario erfolgen beide Investitionsrechnungen mit der VOFI-Methode.

6.1 Szenario „Pro-BEV“

Das erste Szenario wird als „Pro-BEV“ bezeichnet, da die Eingangsgrößen so geändert werden, dass die batterieelektrische Variante eine relative Vorteilhaftigkeit gegenüber dem Verbrenner aufweisen kann:

- Nutzungsdauer: 6 Jahre (wie im Standard-Szenario)
- Jahresfahrleistung p.a.: 20.000 km (Standard-Szenario: 15.000 km)
- Anschaffungskreditsollzinssatz: 1,97% p.a. (wie im Standard-Szenario)
- Kontokorrentkreditzinssatz: 6% p.a. (Standard-Szenario: 8,99% p.a.)
- Strompreissteigerung: 0,4% p.a. (wie im Standard-Szenario)
- Benzinpreissteigerung: 4% p.a. (Standard-Szenario: 2% p.a.)

Die Grundpreise der Fahrzeuge werden in diesem Szenario nicht geändert; die Restwerte werden durch den Restwertrechner mit einer jährlichen Fahrleistung von 20.000 km ermittelt.

Stichtag	1.1.2018	1.1.2019	1.1.2020	1.1.2021	1.1.2022	1.1.2023	1.1.2024
Zeitpunkt	0	1	2	3	4	5	6
Δ-Zahlungsfolge der Investition	- 5.852,10 €	558,02 €	606,84 €	752,20 €	710,69 €	860,40 €	4.209,96 €
Δ-Eigene Mittel							- 596,89 €
Δ-VW-ClassicCredit							
+ Δ-Aufnahme	5.852,10 €						
- Δ-Tilgung		- 1.463,03 €	- 1.463,03 €	- 1.463,03 €	- 1.463,03 €		
- Δ-Sollzinsen		- 115,29 €	- 86,46 €	- 57,64 €	- 28,82 €		
Δ-Kontokorrentkredit							
+ Δ-Aufnahme		861,95 €	844,78 €	759,78 €	800,88 €	- 752,08 €	
- Δ-Tilgung							- 2.515,31 €
- Δ-Sollzinsen			- 51,72 €	- 102,40 €	- 147,99 €	- 196,04 €	- 150,92 €
Δ-Ertragssteuern							
- Δ-Steuerzahlung							- 499,49 €
+ Δ-Steuererstattung		158,34 €	149,59 €	111,09 €	128,26 €	87,73 €	- 447,36 €
Δ-Finanzierungssaldo	0,00 €	0,00 €	0,00 €	0,00 €	0,00 €	0,00 €	0,00 €
Δ-Bestandsgrößen							
Δ-Eigenkapitalbestand							596,89 €
Δ-Kreditbestände							
Δ-VW-ClassicCredit	5.852,10 €	4.389,08 €	2.926,05 €	1.463,03 €			
Δ-Kontokorrentkredit		861,95 €	1.706,73 €	2.466,51 €	3.267,39 €	2.515,31 €	
Δ-Bestandssaldo	- 5.852,10 €	- 5.251,03 €	- 4.632,78 €	- 3.929,54 €	- 3.267,39 €	- 2.515,31 €	596,89 €

Tabelle 6: Delta-VOFI Szenario "Pro-BEV"

Δ-Berechnung der Abschreibungen (AfA)						
Zeitpunkt	1	2	3	4	5	6
Δ-Buchwert zu Beginn des Jahres	5.852,10 €	4.876,75 €	3.901,40 €	2.926,05 €	1.950,70 €	975,35 €
- Δ-Abschreibungen	-975,35 €	-975,35 €	-975,35 €	-975,35 €	-975,35 €	-975,35 €
Δ-Buchwert zum Ende des Jahres	4.876,75 €	3.901,40 €	2.926,05 €	1.950,70 €	975,35 €	0,00 €
Δ-Berechnung der Gewerbesteuer						
Zeitpunkt	1	2	3	4	5	6
Δ-Rückfluss	558,02 €	606,84 €	752,20 €	710,69 €	860,40 €	823,41 €
- Δ-Abschreibungen	-975,35 €	-975,35 €	-975,35 €	-975,35 €	-975,35 €	-975,35 €
+ Δ-Veräußerungserfolg	0,00 €	0,00 €	0,00 €	0,00 €	0,00 €	3.386,55 €
- Δ-Zinsaufwand	-115,29 €	-138,18 €	-160,05 €	-176,81 €	-196,04 €	-150,92 €
+ Δ-Zinsertrag	0,00 €	0,00 €	0,00 €	0,00 €	0,00 €	0,00 €
+ Δ-25% Schuldzinsen	28,82 €	34,55 €	40,01 €	44,20 €	49,01 €	37,73 €
Δ-Veränderung der Bemessungsgrundlage	-503,79 €	-472,15 €	-343,19 €	-397,27 €	-261,99 €	3.121,42 €
Δ-Steuerzahlung/Steuererstattung	74,06 €	69,41 €	50,45 €	58,40 €	38,51 €	-458,85 €
Berechnung der Körperschaftsteuer						
Zeitpunkt	1	2	3	4	5	6
Δ-Rückfluss	558,02 €	606,84 €	752,20 €	710,69 €	860,40 €	823,41 €
- Δ-Abschreibungen	-975,35 €	-975,35 €	-975,35 €	-975,35 €	-975,35 €	-975,35 €
+ Δ-Veräußerungserfolg	0,00 €	0,00 €	0,00 €	0,00 €	0,00 €	3.386,55 €
- Δ-Zinsaufwand	-115,29 €	-138,18 €	-160,05 €	-176,81 €	-196,04 €	-150,92 €
+ Δ-Zinsertrag	0,00 €	0,00 €	0,00 €	0,00 €	0,00 €	0,00 €
Δ-Veränderung der Bemessungsgrundlage	-532,62 €	-506,70 €	-383,20 €	-441,47 €	-311,00 €	3.083,69 €
Δ-Steuerzahlung/Steuererstattung	79,89 €	76,00 €	57,48 €	66,22 €	46,65 €	-462,55 €
Δ-Berechnung des Solidaritätszuschlags						
Δ-Zeitpunkt	1	2	3	4	5	6
Δ-Körperschaftsteuerzahlung	79,89 €	76,00 €	57,48 €	66,22 €	46,65 €	-462,55 €
Δ-Zahlung/Erstattung des Solidaritätszuschlags	4,39 €	4,18 €	3,16 €	3,64 €	2,57 €	-25,44 €
Δ-Zeitpunkt	1	2	3	4	5	6
Steuerzahlung (-)/Steuererstattung (+)	158,34 €	149,59 €	111,09 €	128,26 €	87,73 €	-946,84 €

Tabelle 7: Delta-Steuer Szenario "Pro-BEV"

Die VOFIs sowie die Steuerberechnungen für beide Fahrzeuge erfolgen im Anhang 12, 13, 14 und 15.

Das batterieelektrische Fahrzeug weist mit den neuen Rahmenbedingungen eine relative Vorteilhaftigkeit gegenüber dem Verbrenner von fast 600 € auf: eine Verbesserung des Endergebnis zum Standard-Szenario von ca. 1.400 €.

Das E-Auto hat durch die höhere Jahresfahrleistung und jährliche Benzinpreisänderung noch mehr Vorteile bei den laufenden Kosten; aus diesem Phänomen folgen niedrigere Kontokorrentkreditaufnahmen sogar mit einem vorteilhaften Zinssatz.

Diese Wechselwirkungen erhöhen die (in diesem Fall positive) Differenz beider Endwerte.

6.2 Szenario „Contra-BEV"

Im Hinblick auf eine Vorteilhaftigkeit des Verbrenners wurde das Szenario „Contra-BEV" mit den folgenden Parametern erstellt und die zugehörige Investitionsrechnung berechnet:

- Nutzungsdauer: 7 Jahre (Standard-Szenario: 6 Jahre)
- Jahresfahrleistung p.a. : 10.000 km (Standard-Szenario: 15.000 km)
- Anschaffungskreditsollzinssatz: 4% p.a. (Standard-Szenario: 1,97% p.a.)
- Kontokorrentkreditzinssatz: 8,99% p.a. (wie im Standard-Szenario)
- Strompreissteigerung: 2% p.a. (Standard-Szenario: 0,4% p.a)
- Benzinpreissteigerung: 2% p.a. (wie im Standard-Szenario)

Die Grundpreise der Fahrzeuge wurden nicht geändert; die Restwerte werden durch den Restwertrechner mit einer jährlichen Fahrleistung von 10.000 km ermittelt.

Stichtag	1.1.2018	1.1.2019	1.1.2020	1.1.2021	1.1.2022	1.1.2023	1.1.2024	1.1.2025
Zeitpunkt	0	1	2	3	4	5	6	7
Δ-Zahlungsfolge der Investition	- 5.852,10 €	191,30 €	197,63 €	245,08 €	210,66 €	258,38 €	224,22 €	3.969,69 €
Δ-Eigene Mittel								2.250,07 €
Δ-VW-ClassicCredit								
+ Δ-Aufnahme	5.852,10 €							
- Δ-Tilgung		- 1.463,03 €	- 1.463,03 €	- 1.463,03 €	- 1.463,03 €			
- Δ-Sollzinsen		- 234,08 €	- 175,56 €	- 117,04 €	- 58,52 €			
Δ-Kontokorrentkredit								
+ Δ-Aufnahme		1.203,63 €	1.235,58 €	1.241,05 €	1.303,77 €	- 149,47 €	- 135,57 €	
- Δ-Tilgung								- 4.698,99 €
- Δ-Sollzinsen			- 108,21 €	- 219,28 €	- 330,86 €	- 448,06 €	- 434,63 €	- 422,44 €
Δ-Ertragssteuern								
- Δ-Steuerzahlung								- 1.098,32 €
+ Δ-Steuererstattung		302,18 €	313,59 €	313,22 €	337,97 €	339,16 €	345,98 €	
Δ-Finanzierungssaldo	0,00 €	0,00 €	0,00 €	0,00 €	0,00 €	0,00 €	0,00 €	0,00 €
Δ-Bestandsgrößen								
Δ-Eigenkapitalbestand								- 2.250,07 €
Δ-Kreditbestände								
Δ-VW-ClassicCredit	5.852,10 €	4.389,08 €	2.926,05 €	1.463,03 €				
Δ-Kontokorrentkredit		1.203,63 €	2.439,21 €	3.680,26 €	4.984,03 €	4.834,56 €	4.698,99 €	
Δ-Bestandssaldo	- 5.852,10 €	- 5.592,71 €	- 5.365,26 €	- 5.143,29 €	- 4.984,03 €	- 4.834,56 €	- 4.698,99 €	- 2.250,07 €

Tabelle 8: Delta-VOFI Szenario "Contra-BEV"

Δ-Berechnung der Abschreibungen (AfA)							
Zeitpunkt	1	2	3	4	5	6	7
Δ-Buchwert zu Beginn des Jahres	5.852,10 €	4.876,75 €	3.901,40 €	2.926,05 €	1.950,70 €	975,35 €	0,00 €
- Δ-Abschreibungen	-975,35 €	-975,35 €	-975,35 €	-975,35 €	-975,35 €	-975,35 €	0,00 €
Δ-Buchwert zum Ende des Jahres	4.876,75 €	3.901,40 €	2.926,05 €	1.950,70 €	975,35 €	0,00 €	0,00 €
Δ-Berechnung der Gewerbesteuer							
Zeitpunkt	1	2	3	4	5	6	7
Δ-Rückfluss	191,30 €	197,63 €	245,08 €	210,66 €	258,38 €	224,22 €	272,21 €
- Δ-Abschreibungen	-975,35 €	-975,35 €	-975,35 €	-975,35 €	-975,35 €	-975,35 €	0,00 €
+ Δ-Veräußerungserfolg	0,00 €	0,00 €	0,00 €	0,00 €	0,00 €	0,00 €	3.697,48 €
- Δ-Zinsaufwand	-234,08 €	-283,77 €	-336,33 €	-389,38 €	-448,06 €	-434,63 €	-422,44 €
+ Δ-Zinsertrag	0,00 €	0,00 €	0,00 €	0,00 €	0,00 €	0,00 €	0,00 €
+ Δ-25% Schuldzinsen	58,52 €	70,94 €	84,08 €	97,34 €	112,02 €	108,66 €	105,61 €
Δ-Veränderung der Bemessungsgrundlage	-959,61 €	-990,55 €	-982,51 €	-1.056,72 €	-1.053,02 €	-1.077,10 €	3.652,86 €
Δ-Steuerzahlung/Steuererstattung	141,06 €	145,61 €	144,43 €	155,34 €	154,79 €	158,33 €	-536,97 €
Berechnung der Körperschaftsteuer							
Zeitpunkt	1	2	3	4	5	6	7
Δ-Rückfluss	191,30 €	197,63 €	245,08 €	210,66 €	258,38 €	224,22 €	272,21 €
- Δ-Abschreibungen	-975,35 €	-975,35 €	-975,35 €	-975,35 €	-975,35 €	-975,35 €	0,00 €
+ Δ-Veräußerungserfolg	0,00 €	0,00 €	0,00 €	0,00 €	0,00 €	0,00 €	3.697,48 €
- Δ-Zinsaufwand	-234,08 €	-283,77 €	-336,33 €	-389,38 €	-448,06 €	-434,63 €	-422,44 €
+ Δ-Zinsertrag	0,00 €	0,00 €	0,00 €	0,00 €	0,00 €	0,00 €	0,00 €
Δ-Veränderung der Bemessungsgrundlage	-1.018,13 €	-1.061,49 €	-1.066,59 €	-1.154,06 €	-1.165,04 €	-1.185,75 €	3.547,25 €
Δ-Steuerzahlung/Steuererstattung	152,72 €	159,22 €	159,99 €	173,11 €	174,76 €	177,86 €	-532,09 €
Δ-Berechnung des Solidaritätszuschlags							
Δ-Zeitpunkt	1	2	3	4	5	6	7
Δ-Körperschaftsteuerzahlung	152,72 €	159,22 €	159,99 €	173,11 €	174,76 €	177,86 €	-532,09 €
Δ-Zahlung/Erstattung des Solidaritätszuschlags	8,40 €	8,76 €	8,80 €	9,52 €	9,61 €	9,78 €	-29,26 €
Δ-Steuerzahlung (-)/Steuererstattung (+)	302,18 €	313,59 €	313,22 €	337,97 €	339,16 €	345,98 €	-1.098,32 €

Tabelle 9: Delta-Steuer Szenario "Contra-BEV"

Die VOFIs sowie die Steuerberechnungen für beide Fahrzeuge erfolgen im Anhang 16, 17, 18 und 19.

Diese gezielte Änderung verschiedener Parameter hat zu einer Verschlechterung des Delta-Endwerts gegenüber dem Standard-Szenario von ca. 1.400 € geführt.

Durch die höhere Anschaffungsverzinsung wurden auch die Beträge des Kontokorrents erhöht, was dann auch die zu bezahlenden Zinseszinsen betrifft. Auch hier können Zusammenhänge unten den Parametern gefunden werden, die aber das Endergebnis weiter verschlechtern.

7 Schlussbetrachtung

Nachdem die Investitionsrechnung berechnet, die Sensitivitätsanalyse durchgeführt und alternative Szenarien gebildet wurden, genügen die in dieser Betrachtung erworbenen Erkenntnisse für eine zusammenfassende Auswertung und Beurteilung.

Infolge der Klimaerwärmung und der daraus folgenden restriktiven Politik zur Reduktion der CO2-Emissionen, hat eine Wende in der Automobilindustrie durch die Produktion elektrischer Fahrzeuge angefangen.

Die Marktzahlen zeigen aber, dass sich die Verbreitung dieser Wagen trotzdem langsamer als erwartet gestaltet; hier sind verschiedene Faktoren relevant: die zu niedrige Reichweite und die damit verbundene ungenügende Ladeinfrastruktur haben den Markthochlauf bisher gebremst, sowie eine zu hohe Differenz in der Anschaffung gegenüber der verbrennungsmotorischen Variante.

Das Ziel der Untersuchung war zu überprüfen, ob der Kauf eines elektrischen Dienstwagens schon als wirtschaftlich beurteilt werden kann; die Ergebnisse zeigen, dass eine wirtschaftliche Vergleichbarkeit zwischen einem E-Auto und einem Verbrenner unter den hier festgesetzten Rahmenbedingungen vorhanden ist.

Obwohl die Anschaffungsauszahlung deutlich höher ist (mehr als 10.000 € Unterschied beim Brutto-Grundpreis), weist das elektrische Auto bedeutende Vorteile im Bereich der laufenden Kosten sowie steuerliche Vorteile auf; die bedeutendste Fördermaßnahme bleibt aber die Kaufprämie i.H.v. 4.000€, die eine Vergleichbarkeit zwischen den Fahrzeugen ermöglicht. Unter bestimmten Konditionen und Entwicklungsszenarien kann sogar das batterieelektrische Fahrzeug in den gewerblichen Anwendungen rentabler sein.

Damit eine Verbreitung der Elektromobilität in den nächsten Jahren möglich sein kann, sind Aufbauprojekte für eine effiziente und flächendeckende Ladeinfrastruktur sowie technische Weiterentwicklungen (hauptsächlich im Bereich der Akkumulatortechnologie für eine längere Reichweite) notwendig. Nur durch diese Maßnahmen können die relevantesten Kundensorgen beim Erwerb eines solchen Fahrzeugs abgebaut werden. Weitere politische Maßnahmen zur Restriktion der CO2-Werte können den Markthochlauf alternativer Antriebe weiter beschleunigen.

An dieser Stelle ist aber wichtig zu erwähnen, dass der Erfolg der Elektromobilität von verschiedenen ökologischen Faktoren abhängig ist: eine saubere Herstellung der Fahrzeuge (z.B. die Gewinnung von Lithium für die Akkumulatoren) sowie eine Verwendung von ökologischem Fahrstrom bleiben relevante Fragestellungen für die Akzeptanz der Elektromobilität in der Zukunft.

Anhang

Anhang 1 – Vergleich der ausgewählten Fahrzeuge

⊟ Allgemein		
Marke	VW	VW
Modell	e-Golf	Golf 1.5 TSI ACT
Typ		Comfortline
Baureihe	Golf VII e-Golf	Golf VII
Herstellerinterne Baureihenbezeichnung	5G	5G
Modellstart	04/2017	10/2018
Modellende		
Baureihenstart	04/2017	03/2017
Baureihenende		
HSN Schlüsselnummer	0603	0603
TSN Schlüsselnummer	CBP	CBR
TSN Schlüsselnummer 2		
KFZ-Steuer/Jahr (Kann aufgrund WLTP-Umstellung abweichen)	0 Euro	66 Euro
CO2-Effizienzklasse	A+	B
Grundpreis	35900 Euro	24975 Euro
⊟ Motor und Antrieb		
Motorart	Elektro	Otto
Kraftstoffart	Strom (kWh)	Super
Kraftstoffart (2.Antrieb)	-	-
Abgasreinigung	entfällt	Otto-Partikelfilter
Motorbauart	Permanentmagnet-Synchronmaschine (PSM)	Reihe
Anzahl Zylinder	-	4
Gemischaufbereitung	entfällt	Direkteinspritzung
Aufladung	keine Aufladung	Turbo
Anzahl Ventile	-	4
Hubraum	- ccm	1498 ccm
Leistung in kW	100	96
Leistung in PS	136	130
Leistung maximal bei U/min.	3000 U/min	5000 U/min
Drehmoment	290 Nm	200 Nm
Drehmoment maximal bei U/min.	n.b. U/min	1400 U/min
Antriebsart	Front	Front
Getriebeart	Automatikgetriebe	Schaltgetriebe
Anzahl Gänge	1	6
Start-/Stopp-Automatik	-	Serie
Schaltpunktanzeige	-	Serie

Schadstoffklasse	Elektrofahrzeug	Euro 6d-TEMP (WLTP)
⊟ **Maße und Gewichte**		
Länge	4270 mm	4258 mm
Breite	1799 mm	1799 mm
Höhe	1482 mm	1492 mm
Radstand	2629 mm	2620 mm
Bodenfreiheit maximal	143 mm	142 mm
Wendekreis	10,9 m	10,9 m
Böschungswinkel vorne	-	-
Böschungswinkel hinten	-	-
Rampenwinkel	-	-
Wattiefe	-	-
Steigung maximal	-	-
Kofferraumvolumen normal	341 l	380 l
Kofferraumvolumen fensterhoch mit umgeklappter Rücksitzbank	-	-
Kofferraumvolumen dachhoch mit umgeklappter Rücksitzbank	1231 l	1270 l
Rücksitzbank umklappbar	Serie	Serie
Leergewicht (EU)	1615 kg	1315 kg
Zul. Gesamtgewicht	2020 kg	1800 kg
Zuladung	405 kg	485 kg
Anhängelast gebremst 12%	-	1400 kg
Anhängelast ungebremst	-	650 kg
Gesamtzuggewicht	-	k.A.
Stützlast	-	80 kg
Dachlast	75 kg	75 kg
⊟ **Karosserie und Fahrwerk**		
Karosserie	Schrägheck	Schrägheck
Türanzahl	5	5
Anzahl der Schiebetüren serienmäßig/auf Wunsch	- (Serie) / - (Aufpreis)	- (Serie) / - (Aufpreis)
Fahrzeugklasse	Untere Mittelklasse (z.B. Golf)	Untere Mittelklasse (z.B. Golf)
Sitzanzahl	5	5
Sitzanzahl maximal		
Federung vorne	Schraube	Schraube
Federung hinten	Schraube	Schraube
Servolenkung	Serie	Serie
Bremse vorne	Scheibe	Scheibe
Bremse hinten	Scheibe	Scheibe
Reifengröße	205/55R16H	205/55R16
Reifengröße hinten (abweichend)		

Reifengröße hinten (abweichend)		
Reifendruckkontrolle	Serie	Serie
Reifendruckkontrolle - Bezeichnung	indirekte Messung (ABS)	indirekte Messung (ABS)
Runflat	-	-
Runflat- Bezeichnung		
⊟ **Messwerte Hersteller**		
Beschleunigung 0-100km/h	9,6 s	9,1 s
Höchstgeschwindigkeit	150 km/h	210 km/h
Höchstgeschwindigkeit elektrisch (Hybrid)	-	-
Verbrauch Stadt (Drittelmix)		
Verbrauch 90 km/h (Drittelmix)		
Verbrauch 120 km/h (Drittelmix)		
Verbrauch gesamt (Drittelmix)		
Verbrauch Innerorts (NEFZ)		6,5 l/100km
Verbrauch Innerorts (2.Antrieb) (NEFZ)		
Verbrauch Außerorts (NEFZ)		4,1 l/100km
Verbrauch Außerorts (2.Antrieb) (NEFZ)		
Verbrauch Gesamt (NEFZ)	13,2 kwh/100km	5,0 l/100km
Verbrauch Gesamt (2.Antrieb) (NEFZ)		
Reichweite (elektrisch)	231 km	-
CO2-Ausstoss (NEFZ)	0 g/km	113 g/km
Verbrauch nach WLTP langsam		7,9 l/100km
Verbrauch nach WLTP mittel		5,8 l/100km
Verbrauch nach WLTP schnell		5,1 l/100km
Verbrauch nach WLTP sehr schnell		6,0 l/100km
Verbrauch nach WLTP kombiniert	15,8 kwh/100km	5,9 l/100km
Verbrauch nach WLTP langsam - 2. Antrieb		
Verbrauch nach WLTP mittel - 2. Antrieb		
Verbrauch nach WLTP schnell - 2. Antrieb		
Verbrauch nach WLTP sehr schnell - 2. Antrieb		
Verbrauch nach WLTP kombiniert - 2. Antrieb		
CO2-Wert nach WLTP kombiniert	0 g/km	135 g/km

Tankgröße	35,8 kWh	50 l
Tankgröße (2.Antrieb)	-	-
Tankeinbauort		
Füllmenge AdBlue-Behälter		
Speichertechnik (z.B. Lithiumionen, Feststoff etc.)	Lithium-Ionen	-
Batteriegewicht (Elektro- und Plugln-Hybrid)	318 kg	-
AC-Ladeanschluss am Fahrzeug	Typ 2	-
DC-Schnell-Ladeanschluss am Fahrzeug	CCS	-
AC-Ladefunktion	2-phasig	-
Ladeleistung (kW)	2,3-40	-
Ladezeiten	100%: 17 Std. (10 A / 230 V), 10,8 Std. (Wallbox, 3,6 kW), 5,3 Std. (Wallbox, 7,2 kW); 80%: 0,75 Std. (CCS-Ladestation, 40 kW)	-
Heizungsart (E-Fahrzeuge)	elektr. Heizung und Wärmepumpe (Aufpreis)	-
⊟ **Sicherheitsausstattung**		
Airbag Fahrer	Serie	Serie
Airbag Beifahrer	Serie	Serie
Seitenairbag vorne	Serie	Serie
Seitenairbag vorne - Bezeichnung		
Seitenairbag hinten	375 Euro	375 Euro
Seitenairbag hinten - Bezeichnung		
Kopfairbag vorne	Serie	Serie
Kopfairbag vorne - Bezeichnung	Windowbag	Windowbag
Kopfairbag hinten	Serie	Serie
Kopfairbag hinten - Bezeichnung	Windowbag	Windowbag
Airbag Sonstige	Serie	Serie
Airbag Sonstige - Bezeichnung	Knieairbag Fahrer	Knieairbag Fahrer
Airbag Deaktivierung	Serie	Serie
Airbag Deaktivierung - Bezeichnung	Schlüsselschalter	Schlüsselschalter
PreCrash-System	155 Euro	155 Euro
PreCrash-System - Bezeichnung	Reversible Gurtstraffer/Schließfunktion	Reversible Gurtstraffer/Schließfunktion
3-Punkt-Gurt hinten Mitte	Serie	Serie
3-Punkt-Gurt hinten Mitte - Bezeichnung	3-Punkt Gurt	3-Punkt Gurt
Kopfstützen hinten	Serie	Serie
Kopfstützen hinten Mitte	Serie	Serie
Aktive Kopfstützen	-	-

Isofix	Serie	Serie
Isofix - Bezeichnung	Nur hinten mit Top-Tether	Nur hinten mit Top-Tether
Kindersitz integriert	-	-
ABS	Serie	Serie
Bremsassistent	Serie	Serie
Bremsassistent - Bezeichnung	Multikollisionsbremse (Serie), City-Safety-System (ab unter 30 km/h)	Multikollisionsbremse, City-Safety-System
City-Notbremsassistent	Serie	Serie
Notbremsassistent	Paket	-
Kollisionswarnung	Serie	Serie
Kurvenbremskontrolle	-	-
Antriebsschlupfregelung	Serie	Serie
Antriebsschlupfregelung - Bezeichnung	Antriebsschlupfregelung	Antriebsschlupfregelung
Fahrdynamikregelung	Serie	Serie
Fahrdynamikregelung - Bezeichnung	Elektronisches Stabilitätsprogramm	Elektronisches Stabilitätsprogramm
Fahrdynamikregelung - Anhänger	Serie	Serie
Ladezustandskontrolle	-	-
Bremslicht dynamisch	Serie	Serie
Bremslicht dynamisch - Bezeichnung	Aktivierung Warnblinkanlage	Aktivierung Warnblinkanlage
Aktivlenkung	-	-
Nebelscheinwerfer	-	190 Euro
Abbiegelicht	Serie	Paket
Kurvenlicht	Paket	Paket
Variable Lichtverteilung	-	-
Xenon-Scheinwerfer	-	-
LED-Scheinwerfer	Serie	1085 Euro
Laserscheinwerfer	-	-
Lichtsensor	Paket	Paket
Regensensor	Paket	Paket
Autom. Abstandsregelung	320 Euro	320 Euro
Autom. Abstandsregelung - Bezeichnung	Opt. und akust. Warnung/Bremsdruckaufbau/Notbremsung	Opt. und akust. Warnung/Bremsdruckaufbau/Bremsruck
Stauassistent	Serie	-
Nachtsicht-Assistent	-	-
Fußgängererkennung	Serie	Serie
Müdigkeitserkennung	Serie	Serie
Spurhalteassistent	Paket	Paket
Spurwechselassistent	370 Euro	370 Euro
Emergency Assistent	Paket	-
Kreuzungsassistent	-	-
Querverkehrassistent	Paket	Paket
Fußgängerschutz-System	-	-
Verkehrsschild-Erkennung	320 Euro	320 Euro

Head-up-Display (HUD)	-	-
Speed-Limiter	Paket	Paket
Fernlichtassistent	Paket	Paket
⊟ **Herstellergarantien**		
Garantie (Fahrzeug)	2 Jahre	2 Jahre / ab 12/17: 5 Jahre (bis max. 50.000 km) für Sondermodelle "Join"
Lackgarantie	3 Jahre	3 Jahre
Durchrostung	12 Jahre	12 Jahre
Zusätzliche Garantien	Mobilitätsgarantie: Lebenslang europaweit bei Einhaltung aller Inspektionen	Mobilitätsgarantie: Lebenslang europaweit bei Einhaltung aller Inspektionen
Sonstiges	8 Jahre oder 160.000 km Garantie auf die Batterie	
⊟ **Preise und Ausstattung**		
Grundpreis	35900 Euro	24975 Euro
Klassenübliche Ausstattung nach ADAC-Vorgabe	935 Euro	3370 Euro
Klimaanlage	Serie	Serie
Zentralverriegelung	Serie	Serie
Fensterheber elektr. vorne	Serie	Serie
Fensterheber elektr. hinten	Serie	Serie
Einparkhilfe	Serie	Serie
Einparkhilfe - Bezeichnung	vorne und hinten	vorne und hinten
Einparkassistent	215 Euro	215 Euro
Trailer-Assist	-	525 Euro
Berganfahrassistent	Serie	Serie
Radio	Serie	Serie
Radio - Bezeichnung	Discovery Pro	Composition Colour
Navigation	Serie	1005 Euro
Navigation - Bezeichnung	Farbdisplay (Touchscreen)	Farbdisplay (Touchscreen)
Notruffunktion	Serie	320 Euro
Alufelgen	Serie	Serie
Lederausstattung	2105 Euro	2105 Euro
Metallic-Lackierung	560 Euro	565 Euro
⊟ **Tests**		
Autotest Autotest	VW e-Golf **1,9** +	VW Golf 1.5 TSI ACT BlueMotion Highline DSG (7-Gang) **2,2** + VW Golf 1.5 TSI ACT BMT Highline **2,1** +
Ecotest	VW e-Golf 100 Punkte ★★★★★	
Crashtest		VW Golf VII ★★★★★

⊟ Fahrzeugkosten	Gesamtkosten	Gesamtkosten
Haltedauer 60	**591,– Euro/Monat** **47,3 Cent/km**	**575,– Euro/Monat** **46,0 Cent/km**
Fahrleistung/Jahr 15000 km		
Kosten pro Monat (gerundet) - inkl. Steuern		
Wertverlust	382,– Euro	311,– Euro
Betriebskosten	70,– Euro	118,– Euro
Fixkosten	93,– Euro	87,– Euro
davon KFZ-Steuer	62,– Euro	66,– Euro
Steuerbefreiung Euro	620,– Euro	–
Steuerbefreiung Monate	120 Monate	–
nutzbare Steuerbefreiung Euro	620,– Euro	–
nutzbare Steuerbefreiung Monate	120 Monate	–
Werkstattkosten	46,– Euro	59,– Euro
Inspektion und Wartung	11,– Euro	18,– Euro
Reparaturen	22,– Euro	23,– Euro
Reifenersatz	13,– Euro	18,– Euro
Versicherungskosten pro Jahr		
Typklasse Haftpflicht/Voll-/Teilkasko	16/20/19	14/18/20
Haftpflicht R6, 100 %	793,– Euro	706,– Euro
Vollkasko R4, 100 %, 500,– SB	1.029,– Euro	854,– Euro
Teilkasko R7, 150,– SB	159,– Euro	178,– Euro
⊟ Pannen/Mängel/Rückrufe		
Rückrufe	–	–
Pannenstatistik	–	–
Häufigste Mängel	–	–

Quelle: Allgemeine Deutsche Automobil-Club e.V.

Link VW e-Golf:
https://www.adac.de/infotestrat/autodatenbank/autokosten/detail.aspx?KFZID=266575

Link VW Golf 1.5 TSI ACT Comfortline:

https://www.adac.de/infotestrat/autodatenbank/autokosten/detail.aspx?KFZID=294838

Anhang 2 – Schriftliches Interview mit Julio Lusadisu, The Mobility House GmbH

Interviewpartner:	Julio Lusadisu
Position:	Sales & Business Operation Manager
Institution:	The Mobility House GmbH
	St.-Cajetan-Str. 43
	81669 München
E-Mail:	julio.lusadisu@mobilityhouse.com
Eingang der Antwort:	08.11.2018, 17:12 Uhr

Der neue VW e-Golf kann bis 7,2 kW zweiphasig geladen werden. Die ABL Wallbox EVSE803 eMH1 hat eine Ladeleistung von 11 kW und wird von Ihnen beim Kauf des e-Golf empfohlen.

Kann diese ABL Wallbox mit 11kw, ein 2-phasig ladendes Auto mit einer 7,2 kW OnBoard Lader laden?

Ja, definitiv. 3,68 kW pro Phase bei einer 16A Anschluss. Über zwei Phasen können Sie die 7,2 kW des On Bord Laders definitiv laden.

Anhang 3 – Strompreisentwicklung von 1998 bis 2018

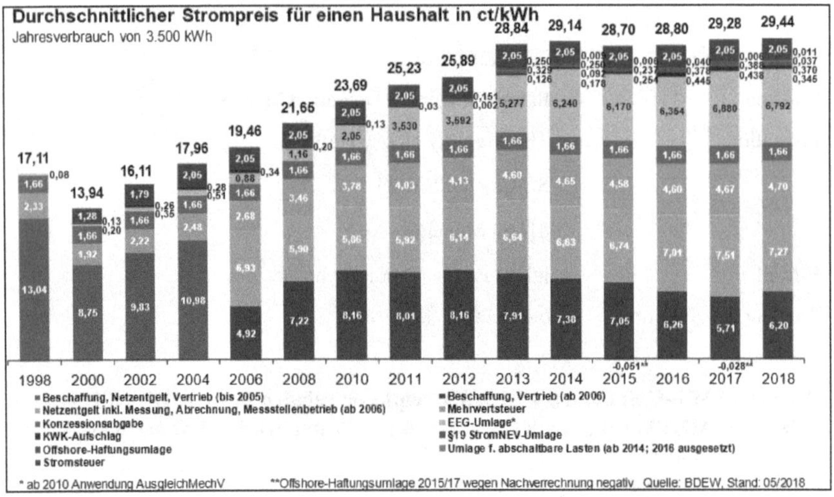

Quelle: Bundesverband der Energie- und Wasserwirtschaft e.V.(2018), S.7

Anhang 4 – Restwert VW e-Golf

Restwertabschätzung für die kommenden Jahre

Für die Wertermittlung **eines konkreten VW E Golf VII MK2** (z.B. aus einer Autobörse wie mobile.de oder autoscout24.de) können Sie hier wertbestimmende Faktoren des Fahrzeugs eintragen. Sie erhalten dann die zu erwartenden Marktwerte für die angegebene Nutzungsdauer angezeigt.

Marktwertentwicklung VW E Golf VII MK2

Baujahr / Erstzulassung:	2018
Neuwagen-Grundpreis in €:	35900
Listenpreis der Extras in €:	0
Kilometerstand heute:	0
Fahrleistung pro Jahr in KM:	15000
Geplante Nutzungsdauer:	8 Jahre

jetzt berechnen

Aktueller Gebrauchtwagen-Wert 2018:

32.490 €

Gebrauchtwagen-Wert 2019: 24.050€

Gebrauchtwagen-Wert 2019: 24.050€

Gebrauchtwagen-Wert 2020: 22.250€

Gebrauchtwagen-Wert 2021: 20.620€

Gebrauchtwagen-Wert 2022: 18.800€

Gebrauchtwagen-Wert 2023: 16.790€

Gebrauchtwagen-Wert 2024: 14.770€

Gebrauchtwagen-Wert 2025: 12.570€

Gebrauchtwagen-Wert 2026:

10.540 €

Quelle: https://www.autokostencheck.de/VW/VW-Golf/Golf-VII/vw-e-golf-vii-mk2-au_414851/wertverlust-restwert/ (in der Eingabemaske können Parameter wie Erstzulassung, Grundpreis, Fahrleistung usw… angepasst werden; Abruf am 21.11.2018)

Anhang 5 – Restwert VW Golf 1.5 TSI ACT Comfortline

Restwertabschätzung für die kommenden Jahre

Für die Wertermittlung **eines konkreten VW Golf VII 1.5 TSI** (z.B. aus einer Autobörse wie mobile.de oder autoscout24.de) können Sie hier wertbestimmende Faktoren des Fahrzeugs eintragen. Sie erhalten dann die zu erwartenden Marktwerte für die angegebene Nutzungsdauer angezeigt.

Marktwertentwicklung VW Golf VII 1.5 TSI

Baujahr / Erstzulassung:	2018
Neuwagen-Grundpreis in €:	24975
Listenpreis der Extras in €:	0
Kilometerstand heute:	0
Fahrleistung pro Jahr in KM:	15000
Geplante Nutzungsdauer:	8 Jahre

jetzt berechnen

Aktueller Gebrauchtwagen-Wert 2018:

22.600 €

Gebrauchtwagen-Wert 2019: 16.730€

Gebrauchtwagen-Wert 2020: 15.480€

Gebrauchtwagen-Wert 2021: 14.340€

Gebrauchtwagen-Wert 2022: 13.080€

Gebrauchtwagen-Wert 2023: 11.680€

Gebrauchtwagen-Wert 2024: 10.280€

Gebrauchtwagen-Wert 2025: 8.750€

Gebrauchtwagen-Wert 2026:

7.330 €

Quelle: https://www.autokostencheck.de/VW/VW-Golf/Golf-VII/golf-vii-1-5-tsi-au_45749/wertverlust-restwert/ (in der Eingabemaske können Parameter wie Erstzulassung, Grundpreis, Fahrleistung usw… angepasst werden; Abruf am 21.11.2018)

Anhang 6 – Vollständige Berechnung der Kraftstoffkostenentwicklung

Jährliche Strompreisentwicklung: $\sqrt[5]{1{,}02} = 1{,}003968...$

Jährliche Strompreissteigerung von 0,3968%, also ca. von 0,4%.

Eingangsdaten:

		VW e-Golf	VW Golf 1.5 TSI ACT Comfortline
FL:	jährliche Fahrleistung	15.000 km	15.000 km
$P_{kraftstoff}$:	Kraftstoffpreis (t=0)	29,44 ct/kWh	1,53 €/l
V_{NEFZ}:	Kraftstoffverbrauch (NEFZ)	13,2 kWh/100 km	5,0 l/100 km
m:	jährliche Kraftstoffpreissteigerung	0,4% = 0,004	2% = 0,02

Formel: $$K(t)_{Kraftstoff} = (1+m)^{t} \cdot P_{Kraftstoff} \cdot FL \cdot V_{NEFZ}$$

BEV: $$K(t)_{Elektro} = (1+0{,}004)^{t} \cdot 29{,}44\,\frac{ct}{kWh} \cdot 15000\text{ km} \cdot \frac{13{,}2kWh}{100km}$$

mit Umrechnung von ct zu €

ICE: $$K(t)_{Benzin} = (1+0{,}02)^{t} \cdot 1{,}53\,\frac{Euro}{l} \cdot 15000\text{ km} \cdot \frac{5{,}0l}{100km}$$

K(t): Kraftstoffkosten für eine Periode

Ergebnisse für das Standard-Szenario:

t	0	1	2	3	4	5	6
$K(t)_{Elektro}$:	582,91 €	585,24 €	587,58 €	589,93 €	592,29 €	594,66 €	597,04 €
$K(t)_{Benzin}$:	1.147,50 €	1.170,45 €	1.193,86 €	1.217,74 €	1.242,09 €	1.266,93 €	1.292,27 €

Anhang 7 – Nebenrechnung der Einzahlungsüberschüsse

VW e-Golf							
Zeitpunkt	0	1	2	3	4	5	6
Netto-Anschaffung	-30.168,07 €						
Netto-Wallbox	-671,43 €						
Kfz-Zulassung	-26,90 €						
Kaufprämie	4.000,00 €						
Stromkosten Netto		-489,84 €	-491,80 €	-493,77 €	-495,74 €	-497,73 €	-499,72 €
Versicherung		-1.822,00 €	-1.822,00 €	-1.822,00 €	-1.822,00 €	-1.822,00 €	-1.822,00 €
Hauptuntersuchung				-53,50 €		-53,50 €	
Ladeinfrastruktur		-50,00 €	-50,00 €	-50,00 €	-50,00 €	-50,00 €	-50,00 €
Netto-Fahrzeugwartung		-463,87 €	-463,87 €	-463,87 €	-463,87 €	-463,87 €	-463,87 €
Kfz-Steuer		0,00 €	0,00 €	0,00 €	0,00 €	0,00 €	0,00 €
Restwert Netto							12.411,76 €
Zahlungsfolge der Investition	-26.866,40 €	-2.825,71 €	-2.827,67 €	-2.883,13 €	-2.831,61 €	-2.887,09 €	9.576,18 €

VW Golf 1.5 TSI ACT Comfortline							
Zeitpunkt	0	1	2	3	4	5	6
Netto-Anschaffung	-20.987,39 €						
Kfz-Zulassung	-26,90 €						
Benzinkosten Netto		-964,29 €	-983,57 €	-1.003,24 €	-1.023,31 €	-1.043,77 €	-1.064,65 €
Versicherung		-1.560,00 €	-1.560,00 €	-1.560,00 €	-1.560,00 €	-1.560,00 €	-1.560,00 €
Haupt-/Abgasuntersuchung				-94,50 €		-94,50 €	
Ladeinfrastruktur		0,00 €	0,00 €	0,00 €	0,00 €	0,00 €	0,00 €
Fahrzeugwartung netto		-594,96 €	-594,96 €	-594,96 €	-594,96 €	-594,96 €	-594,96 €
Kfz-Steuer		-66,00 €	-66,00 €	-66,00 €	-66,00 €	-66,00 €	-66,00 €
Restwert Netto							8.638,66 €
Zahlungsfolge der Investition	-21.014,29 €	-3.185,24 €	-3.204,53 €	-3.318,70 €	-3.244,27 €	-3.359,23 €	5.353,05 €

Anhang 8 – VOFI für den VW e-Golf im Standard-Szenario

Zeitpunkt	0	1	2	3	4	5	6
Zahlungsfolge der Investition	-26.866,40 €	-2.825,71 €	-2.827,67 €	-2.883,13 €	-2.831,61 €	-2.887,09 €	9.576,18 €
Eigene Mittel							30.616,10 €
VW-ClassicCredit							
+ Aufnahme	26.866,40 €						
- Tilgung		-6.716,60 €	-6.716,60 €	-6.716,60 €	-6.716,60 €		
- Sollzinsen		-529,27 €	-396,95 €	-264,63 €	-132,32 €		
Kontokorrentkredit							
+ Aufnahme		7.700,09 €	8.111,03 €	8.586,18 €	9.018,23 €	2.836,45 €	
- Tilgung							-36.251,98 €
- Sollzinsen			-692,24 €	-1.421,42 €	-2.193,32 €	-3.004,06 €	-3.259,05 €
Ertragssteuern							
- Steuerzahlung		0,00 €	0,00 €	0,00 €	0,00 €	0,00 €	-681,25 €
+ Steuererstattung		2.371,48 €	2.522,42 €	2.699,61 €	2.855,61 €	3.054,70 €	0,00 €
Finanzierungssaldo	0,00 €	0,00 €	0,00 €	0,00 €	0,00 €	0,00 €	0,00 €
Bestandsgrößen							
Eigenkapitalbestand	0,00 €	0,00 €	0,00 €	0,00 €	0,00 €	0,00 €	-30.616,10 €
Kreditbestände							
VW-ClassicCredit	26.866,40 €	20.149,80 €	13.433,20 €	6.716,60 €	0,00 €	0,00 €	0,00 €
Kontokorrentkredit	0,00 €	7.700,09 €	15.811,12 €	24.397,30 €	33.415,53 €	36.251,98 €	0,00 €
Bestandssaldo	-26.866,40 €	-27.849,89 €	-29.244,32 €	-31.113,90 €	-33.415,53 €	-36.251,98 €	-30.616,10 €

Anhang 9 – Steuerberechnung für den VW e-Golf im Standard-Szenario

Berechnung der Abschreibungen (AfA)						
Zeitpunkt	1	2	3	4	5	6
Buchwert zu Beginn des Jahres	26.866,40 €	22.388,66 €	17.910,93 €	13.433,20 €	8.955,47 €	4.477,73 €
- Abschreibungen	-4.477,73 €	-4.477,73 €	-4.477,73 €	-4.477,73 €	-4.477,73 €	-4.477,73 €
Buchwert zum Ende des Jahres	22.388,66 €	17.910,93 €	13.433,20 €	8.955,47 €	4.477,73 €	0,00 €
Berechnung der Gewerbesteuer						
Zeitpunkt	1	2	3	4	5	6
Rückfluss	-2.825,71 €	-2.827,67 €	-2.883,13 €	-2.831,61 €	-2.887,09 €	-2.835,58 €
- Abschreibungen	-4.477,73 €	-4.477,73 €	-4.477,73 €	-4.477,73 €	-4.477,73 €	-4.477,73 €
+ Veräußerungserfolg						12.411,76 €
- Zinsaufwand	-529,27 €	-1.089,19 €	-1.686,05 €	-2.325,63 €	-3.004,06 €	-3.259,05 €
+ Zinsertrag	0,00 €	0,00 €	0,00 €	0,00 €	0,00 €	0,00 €
+ 25% Schuldzinsen	132,32 €	272,30 €	421,51 €	581,41 €	751,01 €	814,76 €
Veränderung der Bemessungsgrundlage	-7.700,39 €	-8.122,29 €	-8.625,41 €	-9.053,57 €	-9.617,87 €	2.654,16 €
Steuerzahlung/Steuererstattung	1.131,96 €	1.193,98 €	1.267,93 €	1.330,87 €	1.413,83 €	-390,16 €
Berechnung der Körperschaftsteuer						
Zeitpunkt	1	2	3	4	5	6
Rückfluss	-2.825,71 €	-2.827,67 €	-2.883,13 €	-2.831,61 €	-2.887,09 €	-2.835,58 €
- Abschreibungen	-4.477,73 €	-4.477,73 €	-4.477,73 €	-4.477,73 €	-4.477,73 €	-4.477,73 €
+ Veräußerungserfolg	0,00 €	0,00 €	0,00 €	0,00 €	0,00 €	12.411,76 €
- Zinsaufwand	-529,27 €	-1.089,19 €	-1.686,05 €	-2.325,63 €	-3.004,06 €	-3.259,05 €
+ Zinsertrag	0,00 €	0,00 €	0,00 €	0,00 €	0,00 €	0,00 €
Veränderung der Bemessungsgrundlage	-7.832,71 €	-8.394,59 €	-9.046,92 €	-9.634,98 €	-10.368,88 €	1.839,40 €
Steuerzahlung/Steuererstattung	1.174,91 €	1.259,19 €	1.357,04 €	1.445,25 €	1.555,33 €	-275,91 €
Berechnung des Solidaritätszuschlags						
Zeitpunkt	1	2	3	4	5	6
Körperschaftsteuerzahlung/-erstattung	1.174,91 €	1.259,19 €	1.357,04 €	1.445,25 €	1.555,33 €	-275,91 €
Zahlung/Erstattung des Solidaritätszuschlags	64,62 €	69,26 €	74,64 €	79,49 €	85,54 €	-15,18 €
Steuerzahlung (-)/Steuererstattung (+)	2.371,48 €	2.522,42 €	2.699,61 €	2.855,61 €	3.054,70 €	-681,25 €

Anhang 10 – VOFI für den VW Golf 1.5 TSI ACT Comfortline im Standard-Szenario

Zeitpunkt	0	1	2	3	4	5	6
Zahlungsfolge der Investition	-21.014,29 €	-3.185,24 €	-3.204,53 €	-3.318,70 €	-3.244,27 €	-3.359,23 €	5.353,05 €
Eigene Mittel							29.775,46 €
VW-ClassicCredit							
+ Aufnahme	21.014,29 €						
- Tilgung		-5.253,57 €	-5.253,57 €	-5.253,57 €	-5.253,57 €		
- Sollzinsen		-413,98 €	-310,49 €	-206,99 €	-103,50 €		
Kontokorrentkredit							
+ Aufnahme		6.700,25 €	7.078,56 €	7.547,67 €	7.916,60 €	3.187,80 €	
- Tilgung							-32.430,88 €
- Sollzinsen			-602,35 €	-1.238,72 €	-1.917,25 €	-2.628,95 €	-2.915,54 €
Ertragssteuern							
- Steuerzahlung		0,00 €	0,00 €	0,00 €	0,00 €	0,00 €	0,00 €
+ Steuererstattung		2.152,55 €	2.292,38 €	2.470,31 €	2.601,98 €	2.800,38 €	217,91 €
Finanzierungssaldo	0,00 €	0,00 €	0,00 €	0,00 €	0,00 €	0,00 €	0,00 €
Bestandsgrößen							
Eigenkapitalbestand	0,00 €	0,00 €	0,00 €	0,00 €	0,00 €	0,00 €	-29.775,46 €
Kreditbestände							
VW-ClassicCredit	21.014,29 €	15.760,72 €	10.507,15 €	5.253,57 €	0,00 €	0,00 €	0,00 €
Kontokorrentkredit	0,00 €	6.700,25 €	13.778,81 €	21.326,48 €	29.243,08 €	32.430,88 €	0,00 €
Bestandssaldo	-21.014,29 €	-22.460,97 €	-24.285,96 €	-26.580,05 €	-29.243,08 €	-32.430,88 €	-29.775,46 €

Anhang 11 – Steuerberechnung für den VW Golf 1.5 TSI ACT Comfortline im Standard-Szenario

Berechnung der Abschreibungen (AfA)						
Zeitpunkt	1	2	3	4	5	6
Buchwert zu Beginn des Jahres	21.014,29 €	17.511,91 €	14.009,53 €	10.507,15 €	7.004,76 €	3.502,38 €
- Abschreibungen	-3.502,38 €	-3.502,38 €	-3.502,38 €	-3.502,38 €	-3.502,38 €	-3.502,38 €
Buchwert zum Ende des Jahres	17.511,91 €	14.009,53 €	10.507,15 €	7.004,76 €	3.502,38 €	0,00 €
Berechnung der Gewerbesteuer						
Zeitpunkt	1	2	3	4	5	6
Rückfluss	-3.185,24 €	-3.204,53 €	-3.318,70 €	-3.244,27 €	-3.359,23 €	-3.285,61 €
- Abschreibungen	-3.502,38 €	-3.502,38 €	-3.502,38 €	-3.502,38 €	-3.502,38 €	-3.502,38 €
+ Veräußerungserfolg						8.638,66 €
- Zinsaufwand	-413,98 €	-912,84 €	-1.445,71 €	-2.020,75 €	-2.628,95 €	-2.915,54 €
+ Zinsertrag	0,00 €	0,00 €	0,00 €	0,00 €	0,00 €	0,00 €
+ 25% Schuldzinsen	103,50 €	228,21 €	361,43 €	505,19 €	657,24 €	728,88 €
Veränderung der Bemessungsgrundlage	-6.998,11 €	-7.391,54 €	-7.905,36 €	-8.262,21 €	-8.833,33 €	-335,99 €
Steuerzahlung/Steuererstattung	1.028,72 €	1.086,56 €	1.162,09 €	1.214,54 €	1.298,50 €	49,39 €
Berechnung der Körperschaftsteuer						
Zeitpunkt	1	2	3	4	5	6
Rückfluss	-3.185,24 €	-3.204,53 €	-3.318,70 €	-3.244,27 €	-3.359,23 €	-3.285,61 €
- Abschreibungen	-3.502,38 €	-3.502,38 €	-3.502,38 €	-3.502,38 €	-3.502,38 €	-3.502,38 €
+ Veräußerungserfolg	0,00 €	0,00 €	0,00 €	0,00 €	0,00 €	8.638,66 €
- Zinsaufwand	-413,98 €	-912,84 €	-1.445,71 €	-2.020,75 €	-2.628,95 €	-2.915,54 €
+ Zinsertrag	0,00 €	0,00 €	0,00 €	0,00 €	0,00 €	0,00 €
Veränderung der Bemessungsgrundlage	-7.101,61 €	-7.619,75 €	-8.266,79 €	-8.767,39 €	-9.490,57 €	-1.064,87 €
Steuerzahlung/Steuererstattung	1.065,24 €	1.142,96 €	1.240,02 €	1.315,11 €	1.423,59 €	159,73 €
Berechnung des Solidaritätszuschlags						
Zeitpunkt	1	2	3	4	5	6
Körperschaftsteuerzahlung/-erstattung	1.065,24 €	1.142,96 €	1.240,02 €	1.315,11 €	1.423,59 €	159,73 €
Zahlung/Erstattung des Solidaritätszuschlags	58,59 €	62,86 €	68,20 €	72,33 €	78,30 €	8,79 €
Steuerzahlung/Steuererstattung	2.152,55 €	2.292,38 €	2.470,31 €	2.601,98 €	2.800,38 €	217,91 €

Anhang 12 – VOFI für den VW e-Golf im Szenario „Pro-BEV"

Zeitpunkt	0	1	2	3	4	5	6
Zahlungsfolge der Investition	-26.866,40 €	-3.120,08 €	-3.122,69 €	-3.125,32 €	-3.127,95 €	-3.130,59 €	7.984,40 €
Eigene Mittel							30.080,56 €
VW-ClassicCredit							
+ Aufnahme	26.866,40 €						
- Tilgung		-6.716,60 €	-6.716,60 €	-6.716,60 €	-6.716,60 €		
- Sollzinsen		-529,27 €	-396,95 €	-264,63 €	-132,32 €		
Kontokorrentkredit							
+ Aufnahme		7.904,61 €	8.156,57 €	8.419,59 €	8.694,16 €	2.264,20 €	
- Tilgung							-35.439,13 €
- Sollzinsen			-474,28 €	-963,67 €	-1.468,85 €	-1.990,50 €	-2.126,35 €
Ertragssteuern							
- Steuerzahlung		0,00 €	0,00 €	0,00 €	0,00 €	0,00 €	-499,49 €
+ Steuererstattung		2.461,34 €	2.553,95 €	2.650,63 €	2.751,55 €	2.856,89 €	0,00 €
Finanzierungssaldo	0,00 €	0,00 €	0,00 €	0,00 €	0,00 €	0,00 €	0,00 €
Bestandsgrößen							
Eigenkapitalbestand	0,00 €	0,00 €	0,00 €	0,00 €	0,00 €	0,00 €	-30.080,56 €
Kreditbestände							
VW-ClassicCredit	26.866,40 €	20.149,80 €	13.433,20 €	6.716,60 €	0,00 €	0,00 €	0,00 €
Kontokorrentkredit	0,00 €	7.904,61 €	16.061,18 €	24.480,77 €	33.174,93 €	35.439,13 €	0,00 €
Bestandssaldo	-26.866,40 €	-28.054,41 €	-29.494,38 €	-31.197,37 €	-33.174,93 €	-35.439,13 €	-30.080,56 €

Anhang 13 – Steuerberechnung für den VW e-Golf im Szenario „Pro-BEV“

Berechnung der Abschreibungen (AfA)						
Zeitpunkt	1	2	3	4	5	6
Buchwert zu Beginn des Jahres	26.866,40 €	22.388,66 €	17.910,93 €	13.433,20 €	8.955,47 €	4.477,73 €
- Abschreibungen	-4.477,73 €	-4.477,73 €	-4.477,73 €	-4.477,73 €	-4.477,73 €	-4.477,73 €
Buchwert zum Ende des Jahres	22.388,66 €	17.910,93 €	13.433,20 €	8.955,47 €	4.477,73 €	0,00 €
Berechnung der Gewerbesteuer						
Zeitpunkt	1	2	3	4	5	6
Rückfluss	-3.120,08 €	-3.122,69 €	-3.125,32 €	-3.127,95 €	-3.130,59 €	-3.133,25 €
- Abschreibungen	-4.477,73 €	-4.477,73 €	-4.477,73 €	-4.477,73 €	-4.477,73 €	-4.477,73 €
+ Veräußerungserfolg						11.117,65 €
- Zinsaufwand	-529,27 €	-871,23 €	-1.228,30 €	-1.601,16 €	-1.990,50 €	-2.126,35 €
+ Zinsertrag	0,00 €	0,00 €	0,00 €	0,00 €	0,00 €	0,00 €
+ 25% Schuldzinsen	132,32 €	217,81 €	307,08 €	400,29 €	497,62 €	531,59 €
Veränderung der Bemessungsgrundlage	-7.994,76 €	-8.253,85 €	-8.524,28 €	-8.806,55 €	-9.101,20 €	1.911,91 €
Steuerzahlung/Steuererstattung	1.175,23 €	1.213,32 €	1.253,07 €	1.294,56 €	1.337,88 €	-281,05 €
Berechnung der Körperschaftsteuer						
Zeitpunkt	1	2	3	4	5	6
Rückfluss	-3.120,08 €	-3.122,69 €	-3.125,32 €	-3.127,95 €	-3.130,59 €	-3.133,25 €
- Abschreibungen	-4.477,73 €	-4.477,73 €	-4.477,73 €	-4.477,73 €	-4.477,73 €	-4.477,73 €
+ Veräußerungserfolg	0,00 €	0,00 €	0,00 €	0,00 €	0,00 €	11.117,65 €
- Zinsaufwand	-529,27 €	-871,23 €	-1.228,30 €	-1.601,16 €	-1.990,50 €	-2.126,35 €
+ Zinsertrag	0,00 €	0,00 €	0,00 €	0,00 €	0,00 €	0,00 €
Veränderung der Bemessungsgrundlage	-8.127,08 €	-8.471,65 €	-8.831,35 €	-9.206,85 €	-9.598,82 €	1.380,32 €
Steuerzahlung/Steuererstattung	1.219,06 €	1.270,75 €	1.324,70 €	1.381,03 €	1.439,82 €	-207,05 €
Berechnung des Solidaritätszuschlags						
Zeitpunkt	1	2	3	4	5	6
Körperschaftsteuerzahlung/-erstattung	1.219,06 €	1.270,75 €	1.324,70 €	1.381,03 €	1.439,82 €	-207,05 €
Zahlung/Erstattung des Solidaritätszuschlags	67,05 €	69,89 €	72,86 €	75,96 €	79,19 €	-11,39 €
Steuerzahlung (-)/Steuererstattung (+)	2.461,34 €	2.553,95 €	2.650,63 €	2.751,55 €	2.856,89 €	-499,49 €

Anhang 14 – VOFI für den VW Golf 1.5 TSI ACT Comfortline im Szenario „Pro-BEV“

Zeitpunkt	0	1	2	3	4	5	6
Zahlungsfolge der Investition	-21.014,29 €	-3.678,10 €	-3.729,53 €	-3.877,52 €	-3.838,64 €	-3.990,99 €	3.774,44 €
Eigene Mittel							30.677,45 €
VW-ClassicCredit							
+ Aufnahme	21.014,29 €						
- Tilgung		-5.253,57 €	-5.253,57 €	-5.253,57 €	-5.253,57 €		
- Sollzinsen		-413,98 €	-310,49 €	-206,99 €	-103,50 €		
Kontokorrentkredit							
+ Aufnahme		7.042,66 €	7.311,79 €	7.659,81 €	7.893,28 €	3.016,28 €	
- Tilgung							-32.923,82 €
- Sollzinsen			-422,56 €	-861,27 €	-1.320,86 €	-1.794,45 €	-1.975,43 €
Ertragssteuern							
- Steuerzahlung		0,00 €	0,00 €	0,00 €	0,00 €	0,00 €	0,00 €
+ Steuererstattung		2.303,00 €	2.404,36 €	2.539,54 €	2.623,29 €	2.769,16 €	447,36 €
Finanzierungssaldo	0,00 €	0,00 €	0,00 €	0,00 €	0,00 €	0,00 €	0,00 €
Bestandsgrößen							
Eigenkapitalbestand	0,00 €	0,00 €	0,00 €	0,00 €	0,00 €	0,00 €	-30.677,45 €
Kreditbestände							
VW-ClassicCredit	21.014,29 €	15.760,72 €	10.507,15 €	5.253,57 €	0,00 €	0,00 €	0,00 €
Kontokorrentkredit	0,00 €	7.042,66 €	14.354,45 €	22.014,26 €	29.907,54 €	32.923,82 €	0,00 €
Bestandssaldo	-21.014,29 €	-22.803,38 €	-24.861,60 €	-27.267,83 €	-29.907,54 €	-32.923,82 €	-30.677,45 €

Anhang 15 – Steuerberechnung für den VW Golf 1.5 TSI ACT Comfortline im Szenario „Pro-BEV“

Berechnung der Abschreibungen (AfA)						
Zeitpunkt	1	2	3	4	5	6
Buchwert zu Beginn des Jahres	21.014,29 €	17.511,91 €	14.009,53 €	10.507,15 €	7.004,76 €	3.502,38 €
- Abschreibungen	-3.502,38 €	-3.502,38 €	-3.502,38 €	-3.502,38 €	-3.502,38 €	-3.502,38 €
Buchwert zum Ende des Jahres	17.511,91 €	14.009,53 €	10.507,15 €	7.004,76 €	3.502,38 €	0,00 €

Berechnung der Gewerbesteuer						
Zeitpunkt	1	2	3	4	5	6
Rückfluss	-3.678,10 €	-3.729,53 €	-3.877,52 €	-3.838,64 €	-3.990,99 €	-3.956,65 €
- Abschreibungen	-3.502,38 €	-3.502,38 €	-3.502,38 €	-3.502,38 €	-3.502,38 €	-3.502,38 €
+ Veräußerungserfolg						7.731,09 €
- Zinsaufwand	-413,98 €	-733,05 €	-1.068,26 €	-1.424,35 €	-1.794,45 €	-1.975,43 €
+ Zinsertrag	0,00 €	0,00 €	0,00 €	0,00 €	0,00 €	0,00 €
+ 25% Schuldzinsen	103,50 €	183,26 €	267,06 €	356,09 €	448,61 €	493,86 €
Veränderung der Bemessungsgrundlage	-7.490,97 €	-7.781,70 €	-8.181,09 €	-8.409,29 €	-8.839,21 €	-1.209,52 €
Steuerzahlung/Steuererstattung	1.101,17 €	1.143,91 €	1.202,62 €	1.236,17 €	1.299,36 €	177,80 €

Berechnung der Körperschaftsteuer						
Zeitpunkt	1	2	3	4	5	6
Rückfluss	-3.678,10 €	-3.729,53 €	-3.877,52 €	-3.838,64 €	-3.990,99 €	-3.956,65 €
- Abschreibungen	-3.502,38 €	-3.502,38 €	-3.502,38 €	-3.502,38 €	-3.502,38 €	-3.502,38 €
+ Veräußerungserfolg	0,00 €	0,00 €	0,00 €	0,00 €	0,00 €	7.731,09 €
- Zinsaufwand	-413,98 €	-733,05 €	-1.068,26 €	-1.424,35 €	-1.794,45 €	-1.975,43 €
+ Zinsertrag	0,00 €	0,00 €	0,00 €	0,00 €	0,00 €	0,00 €
Veränderung der Bemessungsgrundlage	-7.594,46 €	-7.964,96 €	-8.448,16 €	-8.765,37 €	-9.287,83 €	-1.703,37 €
Steuerzahlung/Steuererstattung	1.139,17 €	1.194,74 €	1.267,22 €	1.314,81 €	1.393,17 €	255,51 €

Berechnung des Solidaritätszuschlags						
Zeitpunkt	1	2	3	4	5	6
Körperschaftsteuerzahlung/-erstattung	1.139,17 €	1.194,74 €	1.267,22 €	1.314,81 €	1.393,17 €	255,51 €
Zahlung/Erstattung des Solidaritätszuschlags	62,65 €	65,71 €	69,70 €	72,31 €	76,62 €	14,05 €

Steuerzahlung/Steuererstattung	2.303,00 €	2.404,36 €	2.539,54 €	2.623,29 €	2.769,16 €	447,36 €

Anhang 16 – VOFI für den VW e-Golf im Szenario „Contra-BEV“

Zeitpunkt	0	1	2	3	4	5	6	7
Zahlungsfolge der Investition	-26.866,40 €	-2.581,75 €	-2.588,29 €	-2.648,45 €	-2.601,74 €	-2.662,17 €	-2.615,74 €	9.458,00 €
Eigene Mittel								35.401,83 €
VW-ClassicCredit								
+ Aufnahme	26.866,40 €							
- Tilgung		-6.716,60 €	-6.716,60 €	-6.716,60 €	-6.716,60 €			
- Sollzinsen		-1.074,66 €	-805,99 €	-537,33 €	-268,66 €	0,00 €		
Kontokorrentkredit								
+ Aufnahme		7.929,56 €	8.259,03 €	8.647,43 €	8.987,12 €	2.706,99 €	2.852,75 €	
- Tilgung								-39.382,88 €
- Sollzinsen			-712,87 €	-1.455,35 €	-2.232,76 €	-3.040,70 €	-3.284,06 €	-3.540,52 €
Ertragssteuern								
- Steuerzahlung		0,00 €	0,00 €	0,00 €	0,00 €	0,00 €	0,00 €	-1.936,42 €
+ Steuererstattung		2.443,45 €	2.564,72 €	2.710,30 €	2.832,64 €	2.995,88 €	3.047,05 €	0,00 €
Finanzierungssaldo	0,00 €	0,00 €	0,00 €	0,00 €	0,00 €	0,00 €	0,00 €	0,00 €
Bestandsgrößen								
Eigenkapitalbestand	0,00 €	0,00 €	0,00 €	0,00 €	0,00 €	0,00 €	0,00 €	-35.401,83 €
Kreditbestände								
VW-ClassicCredit	26.866,40 €	20.149,80 €	13.433,20 €	6.716,60 €	0,00 €	0,00 €	0,00 €	0,00 €
Kontokorrentkredit	0,00 €	7.929,56 €	16.188,59 €	24.836,02 €	33.823,14 €	36.530,13 €	39.382,88 €	0,00 €
Bestandssaldo	-26.866,40 €	-28.079,36 €	-29.621,79 €	-31.552,62 €	-33.823,14 €	-36.530,13 €	-39.382,88 €	-35.401,83 €

Anhang 17 – Steuerberechnung für den VW e-Golf im Szenario „Contra-BEV“

Berechnung der Abschreibungen (AfA)							
Zeitpunkt	1	2	3	4	5	6	7
Buchwert zu Beginn des Jahres	26.866,40 €	22.388,66 €	17.910,93 €	13.433,20 €	8.955,47 €	4.477,73 €	0,00 €
- Abschreibungen	-4.477,73 €	-4.477,73 €	-4.477,73 €	-4.477,73 €	-4.477,73 €	-4.477,73 €	
Buchwert zum Ende des Jahres	22.388,66 €	17.910,93 €	13.433,20 €	8.955,47 €	4.477,73 €	0,00 €	0,00 €

Berechnung der Gewerbesteuer							
Zeitpunkt	1	2	3	4	5	6	7
Rückfluss	-2.581,75 €	-2.588,29 €	-2.648,45 €	-2.601,74 €	-2.662,17 €	-2.615,74 €	-2.676,45 €
- Abschreibungen	-4.477,73 €	-4.477,73 €	-4.477,73 €	-4.477,73 €	-4.477,73 €	-4.477,73 €	0,00 €
+ Veräußerungserfolg							12.134,45 €
- Zinsaufwand	-1.074,66 €	-1.518,86 €	-1.992,68 €	-2.501,42 €	-3.040,70 €	-3.284,06 €	-3.540,52 €
+ Zinsertrag	0,00 €	0,00 €	0,00 €	0,00 €	0,00 €	0,00 €	0,00 €
+ 25% Schuldzinsen	268,66 €	379,71 €	498,17 €	625,36 €	760,18 €	821,01 €	885,13 €
Veränderung der Bemessungsgrundlage	-7.865,48 €	-8.205,16 €	-8.620,69 €	-8.955,54 €	-9.420,43 €	-9.556,52 €	6.802,61 €
Steuerzahlung/Steuererstattung	1.156,23 €	1.206,16 €	1.267,24 €	1.316,46 €	1.384,80 €	1.404,81 €	-999,98 €

Berechnung der Körperschaftsteuer							
Zeitpunkt	1	2	3	4	5	6	7
Rückfluss	-2.581,75 €	-2.588,29 €	-2.648,45 €	-2.601,74 €	-2.662,17 €	-2.615,74 €	-2.676,45 €
- Abschreibungen	-4.477,73 €	-4.477,73 €	-4.477,73 €	-4.477,73 €	-4.477,73 €	-4.477,73 €	0,00 €
+ Veräußerungserfolg	0,00 €	0,00 €	0,00 €	0,00 €	0,00 €	0,00 €	12.134,45 €
- Zinsaufwand	-1.074,66 €	-1.518,86 €	-1.992,68 €	-2.501,42 €	-3.040,70 €	-3.284,06 €	-3.540,52 €
+ Zinsertrag	0,00 €	0,00 €	0,00 €	0,00 €	0,00 €	0,00 €	0,00 €
Veränderung der Bemessungsgrundlage	-8.134,14 €	-8.584,88 €	-9.118,86 €	-9.580,90 €	-10.180,61 €	-10.377,53 €	5.917,48 €
Steuerzahlung/Steuererstattung	1.220,12 €	1.287,73 €	1.367,83 €	1.437,13 €	1.527,09 €	1.556,63 €	-887,62 €

Berechnung des Solidaritätszuschlags							
Zeitpunkt	1	2	3	4	5	6	7
Körperschaftsteuerzahlung/-erstattung	1.220,12 €	1.287,73 €	1.367,83 €	1.437,13 €	1.527,09 €	1.556,63 €	-887,62 €
Zahlung/Erstattung des Solidaritätszuschlags	67,11 €	70,83 €	75,23 €	79,04 €	83,99 €	85,61 €	-48,82 €

Steuerzahlung/Steuererstattung	2.443,45 €	2.564,72 €	2.710,30 €	2.832,64 €	2.995,88 €	3.047,05 €	-1.936,42 €

Anhang 18 – VOFI für den VW Golf 1.5 TSI ACT Comfortline im Szenario „Contra-BEV"

Zeitpunkt	0	1	2	3	4	5	6	7
Zahlungsfolge der Investition	-21.014,29 €	-2.773,06 €	-2.785,92 €	-2.893,53 €	-2.812,41 €	-2.920,55 €	-2.839,97 €	5.488,31 €
Eigene Mittel								33.151,76 €
VW-ClassicCredit								
+ Aufnahme	21.014,29 €							
- Tilgung		-5.253,57 €	-5.253,57 €	-5.253,57 €	-5.253,57 €			
- Sollzinsen		-840,57 €	-630,43 €	-420,29 €	-210,14 €	0,00 €		
Kontokorrentkredit								
+ Aufnahme		6.725,93 €	7.023,45 €	7.406,38 €	7.683,35 €	2.856,46 €	2.988,32 €	
- Tilgung								-34.683,89 €
- Sollzinsen			-604,66 €	-1.236,07 €	-1.901,90 €	-2.592,64 €	-2.849,43 €	-3.118,08 €
Ertragssteuern								
- Steuerzahlung		0,00 €	0,00 €	0,00 €	0,00 €	0,00 €	0,00 €	-838,10 €
+ Steuererstattung		2.141,27 €	2.251,12 €	2.397,08 €	2.494,67 €	2.656,72 €	2.701,07 €	0,00 €
Finanzierungssaldo	0,00 €	0,00 €	0,00 €	0,00 €	0,00 €	0,00 €	0,00 €	0,00 €
Bestandsgrößen								
Eigenkapitalbestand	0,00 €	0,00 €	0,00 €	0,00 €	0,00 €	0,00 €	0,00 €	-33.151,76 €
Kreditbestände								
VW-ClassicCredit	21.014,29 €	15.760,72 €	10.507,15 €	5.253,57 €	0,00 €	0,00 €	0,00 €	0,00 €
Kontokorrentkredit	0,00 €	6.725,93 €	13.749,38 €	21.155,76 €	28.839,11 €	31.695,57 €	34.683,89 €	0,00 €
Bestandssaldo	-21.014,29 €	-22.486,65 €	-24.256,53 €	-26.409,33 €	-28.839,11 €	-31.695,57 €	-34.683,89 €	-33.151,76 €

Anhang 19 – Steuerberechnung für den VW Golf 1.5 TSI ACT Comfortline im Szenario „Contra-BEV"

Berechnung der Abschreibungen (AfA)							
Zeitpunkt	1	2	3	4	5	6	7
Buchwert zu Beginn des Jahres	21.014,29 €	17.511,91 €	14.009,53 €	10.507,15 €	7.004,76 €	3.502,38 €	0,00 €
- Abschreibungen	-3.502,38 €	-3.502,38 €	-3.502,38 €	-3.502,38 €	-3.502,38 €	-3.502,38 €	
Buchwert zum Ende des Jahres	17.511,91 €	14.009,53 €	10.507,15 €	7.004,76 €	3.502,38 €	0,00 €	0,00 €
Berechnung der Gewerbesteuer							
Zeitpunkt	1	2	3	4	5	6	7
Rückfluss	-2.773,06 €	-2.785,92 €	-2.893,53 €	-2.812,41 €	-2.920,55 €	-2.839,97 €	-2.948,66 €
- Abschreibungen	-3.502,38 €	-3.502,38 €	-3.502,38 €	-3.502,38 €	-3.502,38 €	-3.502,38 €	0,00 €
+ Veräußerungserfolg							8.436,97 €
- Zinsaufwand	-840,57 €	-1.235,09 €	-1.656,36 €	-2.112,05 €	-2.592,64 €	-2.849,43 €	-3.118,08 €
+ Zinsertrag	0,00 €	0,00 €	0,00 €	0,00 €	0,00 €	0,00 €	0,00 €
+ 25% Schuldzinsen	210,14 €	308,77 €	414,09 €	528,01 €	648,16 €	712,36 €	779,52 €
Veränderung der Bemessungsgrundlage	-6.905,87 €	-7.214,62 €	-7.638,18 €	-7.898,82 €	-8.367,41 €	-8.479,42 €	3.149,75 €
Steuerzahlung/Steuererstattung	1.015,16 €	1.060,55 €	1.122,81 €	1.161,13 €	1.230,01 €	1.246,48 €	-463,01 €
Berechnung der Körperschaftsteuer							
Zeitpunkt	1	2	3	4	5	6	7
Rückfluss	-2.773,06 €	-2.785,92 €	-2.893,53 €	-2.812,41 €	-2.920,55 €	-2.839,97 €	-2.948,66 €
- Abschreibungen	-3.502,38 €	-3.502,38 €	-3.502,38 €	-3.502,38 €	-3.502,38 €	-3.502,38 €	0,00 €
+ Veräußerungserfolg	0,00 €	0,00 €	0,00 €	0,00 €	0,00 €	0,00 €	8.436,97 €
- Zinsaufwand	-840,57 €	-1.235,09 €	-1.656,36 €	-2.112,05 €	-2.592,64 €	-2.849,43 €	-3.118,08 €
+ Zinsertrag	0,00 €	0,00 €	0,00 €	0,00 €	0,00 €	0,00 €	0,00 €
Veränderung der Bemessungsgrundlage	-7.116,01 €	-7.523,39 €	-8.052,27 €	-8.426,84 €	-9.015,57 €	-9.191,78 €	2.370,23 €
Steuerzahlung/Steuererstattung	1.067,40 €	1.128,51 €	1.207,84 €	1.264,03 €	1.352,34 €	1.378,77 €	-355,53 €
Berechnung des Solidaritätszuschlags							
Zeitpunkt	1	2	3	4	5	6	7
Körperschaftsteuerzahlung/-erstattung	1.067,40 €	1.128,51 €	1.207,84 €	1.264,03 €	1.352,34 €	1.378,77 €	-355,53 €
Zahlung/Erstattung des Solidaritätszuschlags	58,71 €	62,07 €	66,43 €	69,52 €	74,38 €	75,83 €	-19,55 €
Steuerzahlung/Steuererstattung	2.141,27 €	2.251,12 €	2.397,08 €	2.494,67 €	2.656,72 €	2.701,07 €	-838,10 €

Literaturverzeichnis

ADAC (*2018*): ADAC Autokosten Herbst/Winter 2018/2019 - Kostenübersicht für über 1.200 aktuelle Neuwagen-Modelle. Verfügbar unter: https://www.adac.de/_mmm/pdf/autokostenuebersicht_s-v_47089.pdf (Abruf am 11.12.18).

Adam, D. (*2000*): Investitionscontrolling, 3., völlig neu bearb. und wesentl. erw. Aufl., München.

BAFA (*2018*): Förderung von elektrisch betriebenen Fahrzeugen - Merkblatt für Anträge nach der Richtlinie zur Förderung des Absatzes von elektrisch betriebenen Fahrzeugen (Umweltbonus) vom 26.02.2018 (gilt für alle ab dem 03.03.2018 gestellten Anträge), Eschborn. Verfügbar unter: http://www.bafa.de/SharedDocs/Downloads/DE/Energie/emob_merkblatt_antrag_neu_2018.pdf?__blob=publicationFile&v=3 (Abruf am 11.12.18).

Bieg, H./Kußmaul, H. (*2009*): Investition, 2., vollst. überarb. Aufl., München.

Boesche, K. V.; *Eichelberg, I. et al.* (*2017*): Eckpunkte für den rechtlichen Rahmen der Elektromobilität - Überblick und Handlungserwägungen der Begleit- und Wirkungsforschung zum Schaufenster-Programm Elektromobilität: Schaufenster Elektromobiltät - eine Initiative der Bundesregierung, Begleit- und Wirkungsforschung Schaufenster Elektromobilität (BuW), Ergebnispapier Nr. 34, Frankfurt am Main. Verfügbar unter: http://edok01.tib.uni-hannover.de/edoks/e01fn17/897426150.pdf (Abruf am 11.12.18).

Bundesministerium für Wirtschaft und Energie (*2015*): Verordnung über technische Mindestanforderungen an den sicheren und interoperablen Aufbau und Betrieb von öffentlich zugänglichen Ladepunkten für Elektromobile (Ladesäulenverordnung - LSV), Berlin. Verfügbar unter: https://www.bmwi.de/Redaktion/DE/Downloads/V/verordnung-ladeeinrichtungen-elektromobile-kabinettbeschluss.pdf?__blob=publicationFile&v=3 (Abruf am 11.12.18).

Bundesverband der Energie- und Wasserwirtschaft e.V. (*2018*): BDEW-Strompreisanalyse Mai 2018 - Haushalte und Industrie, Berlin. Verfügbar unter: https://www.bdew.de/media/documents/1805018_BDEW-Strompreisanalyse-Mai-2018.pdf (Abruf am 17.11.18).

Busse von Colbe, W./Witte, F. (*2018*): Investitionstheorie und Investitionsrechnung, 5. Aufl., Berlin, Heidelberg. Verfügbar unter: https://link.springer.com/content/pdf/10.1007%2F978-3-662-57907-7.pdf (Abruf am 11.12.18).

Die Bundesregierung (*2009*): Nationaler Entwicklungsplan Elektromobilität der Bundesregierung. Verfügbar unter: https://www.erneuerbar-mobil.de/sites/default/files/2016-08/nep_09_bmu_bf.pdf (Abruf am 11.12.18).

Ecker, M. (*2015*): Speicherung der elektrischen Energie - Lithium-Ionen-Batterien, in: Die Elektrifizierung des Antriebsstrangs, hrsg. von Tschöke, H., Wiesbaden, S. 60–68.

Verfügbar unter: https://link.springer.com/content/pdf/10.1007%2F978-3-658-04644-6.pdf (Abruf am 13.12.2018).

European Council (*2014*): European Council (23 and 24 October 2014) - Conclusions. Verfügbar unter: http://www.consilium.europa.eu/uedocs/cms_data/docs/pressdata/en/ec/145397.pdf (Abruf am 11.12.18).

Gnann, T. et al. (*2012*): Elektromobilität im Personenwirtschaftsverkehr - Eine Potenzialanalyse, No. S 7/2012, Karlsruhe. Verfügbar unter: https://www.isi.fraunhofer.de/content/dam/isi/dokumente/sustainability-innovation/2012/WP07-2012_Wirtschaftsverkehr.pdf (Abruf am 11.12.18).

Götze, U. (*2014*): Investitionsrechnung - Modelle und Analysen zur Beurteilung von Investitionsvorhaben, 7. Aufl., Berlin.

Grob, H. L. (*2006*): Einführung in die Investitionsrechnung - Eine Fallstudiengeschichte, 5., vollst. überarb. und erw. Aufl., München.

Hameyer, K. et al. (*2013*): Elektrischer Antriebsstrang, in: Elektromobilität, hrsg. von Kampker, A. et al., Berlin et al., S. 263–295.

Hirth, H. (*2017*): Grundzüge der Finanzierung und Investition, 4. Auflage, Berlin.

Karle, A. (*2015*): Elektromobilität - Grundlagen und Praxis, München.

Karle, A. (*2017*): Elektromobilität - Grundlagen und Praxis, 2., aktualisierte Aufl., München.

KBA (*2013a*): Fahrzeugzulassungen (FZ) - Neuzulassungen von Kraftfahrzeugen nach Umwelt-Merkmalen (FZ 14), Jahr 2012, Flensburg. Verfügbar unter: https://www.kba.de/SharedDocs/Publikationen/DE/Statistik/Fahrzeuge/FZ/2012/fz14_2012_pdf.pdf?__blob=publicationFile&v=2 (Abruf am 13.12.18).

KBA (*2013b*): Fahrzeugzulassungen (FZ) - Bestand an Kraftfahrzeugen nach Umwelt-Merkmalen (FZ 13), 1. Januar 2013, Flensburg. Verfügbar unter: https://www.kba.de/SharedDocs/Publikationen/DE/Statistik/Fahrzeuge/FZ/2013/fz13_2013_pdf.pdf?__blob=publicationFile&v=2 (Abruf am 13.12.18).

KBA (*2014a*): Fahrzeugzulassungen (FZ) - Neuzulassungen von Kraftfahrzeugen nach Umwelt-Merkmalen (FZ 14), Jahr 2013, Flensburg. Verfügbar unter: https://www.kba.de/SharedDocs/Publikationen/DE/Statistik/Fahrzeuge/FZ/2013/fz14_2013_pdf.pdf?__blob=publicationFile&v=2 (Abruf am 13.12.18).

KBA (*2014b*): Fahrzeugzulassungen (FZ) - Bestand an Kraftfahrzeugen nach Umwelt-Merkmalen (FZ 13), 1. Januar 2014, Flensburg. Verfügbar unter: https://www.kba.de/SharedDocs/Publikationen/DE/Statistik/Fahrzeuge/FZ/2014/fz13_2014_pdf.pdf?__blob=publicationFile&v=2.

KBA (*2015a*): Fahrzeugzulassungen (FZ) - Neuzulassungen von Kraftfahrzeugen nach Umwelt-Merkmalen (FZ 14), Jahr 2014, Flensburg. Verfügbar unter:

https://www.kba.de/SharedDocs/Publikationen/DE/Statistik/Fahrzeuge/FZ/2014/fz14_2014_pdf.pdf?__blob=publicationFile&v=2 (Abruf am 13.12.18).

KBA (*2015b*): Fahrzeugzulassungen (FZ) - Bestand an Kraftfahrzeugen nach Umwelt-Merkmalen (FZ 13), 1. Januar 2015, Flensburg. Verfügbar unter: https://www.kba.de/SharedDocs/Publikationen/DE/Statistik/Fahrzeuge/FZ/2015/fz13_2015_pdf.pdf?__blob=publicationFile&v=2 (Abruf am 13.12.18).

KBA (*2016a*): Fahrzeugzulassungen (FZ) - Neuzulassungen von Kraftfahrzeugen nach Umwelt-Merkmalen (FZ 14), Jahr 2015, Flensburg. Verfügbar unter: https://www.kba.de/SharedDocs/Publikationen/DE/Statistik/Fahrzeuge/FZ/2015/fz14_2015_pdf.pdf?__blob=publicationFile&v=2 (Abruf am 13.12.18).

KBA (*2016b*): Fahrzeugzulassungen (FZ) - Bestand an Kraftfahrzeugen nach Umwelt-Merkmalen (FZ 13), 1. Januar 2016, Flensburg. Verfügbar unter: https://www.kba.de/SharedDocs/Publikationen/DE/Statistik/Fahrzeuge/FZ/2016/fz13_2016_pdf.pdf?__blob=publicationFile&v=2 (Abruf am 13.12.18).

KBA (*2017a*): Fahrzeugzulassungen (FZ) - Neuzulassungen von Kraftfahrzeugen nach Umwelt-Merkmalen (FZ 14), Jahr 2016, Flensburg. Verfügbar unter: https://www.kba.de/SharedDocs/Publikationen/DE/Statistik/Fahrzeuge/FZ/2016/fz14_2016_pdf.pdf?__blob=publicationFile&v=2 (Abruf am 13.12.18).

KBA (*2017b*): Fahrzeugzulassungen (FZ) - Bestand an Kraftfahrzeugen nach Umwelt-Merkmalen (FZ 13), 1. Januar 2017, Flensburg. Verfügbar unter: https://www.kba.de/SharedDocs/Publikationen/DE/Statistik/Fahrzeuge/FZ/2017/fz13_2017_pdf.pdf?__blob=publicationFile&v=2 (Abruf am 13.12.18).

KBA (*2018a*): Fahrzeugzulassungen (FZ) - Neuzulassungen von Kraftfahrzeugen nach Umwelt-Merkmalen (FZ 14), Jahr 2017, Flensburg. Verfügbar unter: https://www.kba.de/SharedDocs/Publikationen/DE/Statistik/Fahrzeuge/FZ/2017/fz14_2017_pdf.pdf?__blob=publicationFile&v=2 (Abruf am 13.12.18).

KBA (*2018b*): Fahrzeugzulassungen (FZ) - Bestand an Kraftfahrzeugen nach Umwelt-Merkmalen (FZ 13), 1. Januar 2018, Flensburg. Verfügbar unter: https://www.kba.de/SharedDocs/Publikationen/DE/Statistik/Fahrzeuge/FZ/2018/fz13_2018_pdf.pdf?__blob=publicationFile&v=2 (Abruf am 13.12.18).

Kley, F. (*2011*): Ladeinfrastruktur für Elektrofahrzeuge - Entwicklung und Bewertung einer Ausbaustrategie auf Basis des Fahrverhaltens, Stuttgart. Verfügbar unter: http://publica.fraunhofer.de/eprints/urn_nbn_de_0011-n-1796047.pdf (Abruf am 10.11.18).

Kruschwitz, L. (*2014*): Investitionsrechnung, 14., aktualisierte Aufl., Berlin.

Kutz, H. (*2018*): Effizienzanalyse zum Einsatz von Thermoelektrika im Abgassystem von Kraftfahrzeugen, in: Der Verbrennungsmotor - ein Antrieb mit Vergangenheit und Zukunft, hrsg. von Roß, T./Heine, A., Wiesbaden, S. 649–670.

Leidhold, R. (*2015*): Elektrische Antriebsmaschinen - Elektrische Maschinen, in: Die Elektrifizierung des Antriebsstrangs, hrsg. von Tschöke, H., Wiesbaden, S. 25–34.

Verfügbar unter: https://link.springer.com/content/pdf/10.1007%2F978-3-658-04644-6.pdf (Abruf am 13.12.2018).

Lindermann, A. (*2015*): Elektrische Antriebsmaschinen - Elektrotechnische Grundlagen, in: Die Elektrifizierung des Antriebsstrangs, hrsg. von Tschöke, H., Wiesbaden, S. 20–25. Verfügbar unter: https://link.springer.com/content/pdf/10.1007%2F978-3-658-04644-6.pdf (Abruf am 13.12.2018).

Mi, C. et al. (*2014*): Hybridkraftfahrzeuge - Grundlagen und Anwendungen mit Perspektiven für die Praxis, Weinheim.

Minnich, L. et al. (*2016*): Gewerbliche Elektromobilität für alle - Zwischenergebnisse und Handlungsempfehlungen aus dem Projekt "ePowered Fleets Hamburg", 2016, 2, Freiburg. Verfügbar unter: https://www.oeko.de/fileadmin/oekodoc/WP-Gewerbliche-Elektromobilitaet-fuer-alle.pdf (Abruf am 13.12.18).

Mottschall, M./Vogel, M. (*2016*): Wirtschaftlichkeit von Elektromobilität in gewerblichen Anwendungen - Anleitung und Hintergrundinformationen zum Online-TCO-Rechner, Begleit- und Wirkungsforschung Schaufenster Elektromobilität (BuW), Ergebnispapier Nr. 29, Frankfurt am Main. Verfügbar unter: https://schaufenster-elektromobilitaet.org/media/media/documents/dokumente_der_begleit__und_wirkungsforschung/EP29_Online-Vergleichskostenrechner.pdf (Abruf am 13.12.18).

Müller, J. et al. (*2017*): Elektromobilität - Hochvolt- und 48-Volt-Systeme, 1. Auflage, Würzburg.

NPE (*2018*): Fortschrittsbericht 2018 - Markthochlaufphase, Berlin. Verfügbar unter: http://nationale-plattform-elektromobilitaet.de/fileadmin/user_upload/Redaktion/NPE_Fortschrittsbericht_2018_barrierefrei.pdf (Abruf am 13.12.18).

OFD Frankfurt/M. (*2010*): TÜV-Hauptuntersuchungen steuerfrei, in: Der Betrieb, Nr. 37, 63. Jg., S. 2025.

Pape, U. (*2015*): Grundlagen der Finanzierung und Investition - Mit Fallbeispielen und Übungen, 3., überarbeitete und erweiterte Auflage, Oldenbourg.

Perridon, L. et al. (*2017*): Finanzwirtschaft der Unternehmung, 17., überarbeitete und erweiterte Auflage, München.

Rummich, E. (*2014*): Elektro- und Hybridfahrzeuge für den Straßenverkehr - Grundlagen, Komponenten, Systeme, Fahrzeugkonzepte und Simulation ; mit 198 Bildern und 32 Tabellen, Renningen.

Schmidt, T. (*2014*): Hybrid- und Elektrofahrzeuge - Technik, Wartung, Prüfarbeiten, 1. Auflage, Bad Wörishofen.

Schoblick, R. (*2013*): Antriebe von Elektroautos in der Praxis - Motoren, Batterietechnik, Leistungstechnik, 1. Aufl., Haar bei München.

Schreiner, K. (*2017*): Verbrennungsmotor - kurz und bündig, 1. Aufl., Wiesbaden.

Schubert, M. et al. (2014): Verkehrsverflechtungsprognose 2030 - Schlussbericht, München. Verfügbar unter: https://www.bmvi.de/SharedDocs/DE/Anlage/VerkehrUndMobilitaet/verkehrsverflechtungsprognose-2030-schlussbericht-los-3.pdf?__blob=publicationFile (Abruf am 07.11.18).

Schumann, D. (2017): Status quo Ladeinfrastruktur 2016 - Workshop Dokumentation, Begleit- und Wirkungsforschung Schaufenster Elektromobilität (BuW), Ergebnispapier Nr. 36, Frankfurt am Main. Verfügbar unter: https://schaufenster-elektromobilitaet.org/media/media/documents/dokumente_der_begleit__und_wirkungsforschung/EP36_Ladeinfrastruktur_online.pdf (Abruf am 07.11.18).

Stan, C. (2012): Alternative Antriebe für Automobile - Hybridsysteme, Brennstoffzellen, alternative Energieträger, 3., erweiterte Aufl., Berlin et al.

Trost, R./Fox, A. (2017): Investitionsplanung bei unvollkommenen Kapitalmärkten - Die VOFI-Methode, in: Controlling für kleine und mittlere Unternehmen, hrsg. von Müller, D., Berlin, S. 523–552.

Wallentowitz, H./Freialdenhoven, A. (2011): Strategien zur Elektrifizierung des Antriebsstranges - Technologien, Märkte und Implikationen, 2., überarbeitete Auflage, Wiesbaden.

Wünnemann, M. (2016): Steuerliche Förderung der Elektromobilität - Neue Sonderregeln für Privat- und Firmenwagen, in: Der Betrieb, Nr. 42, 69. Jg., S. 2438–2441.

FSC
www.fsc.org
MIX
Papier | Fördert
gute Waldnutzung
FSC® C083411

Kolibri 360 GmbH
Ferdinand-Jühlke-Straße 7
99095 Erfurt, Deutschland
produktsicherheit@kolibri360.de

Druck:
CPI Druckdienstleistungen GmbH
im Auftrag der
Kolibri 360 GmbH
Ferdinand-Jühlke-Str. 7
99095 Erfurt